SITZUNGSBERICHTE DER SÄCHSISCHEN AKADEMIE
DER WISSENSCHAFTEN ZU LEIPZIG

Philologisch-historische Klasse
Band 130 · Heft 5

DIETER WITTICH
HORST POLDRACK

DER LONDONER KONGRESS ZUR WISSENSCHAFTSGESCHICHTE 1931 UND DAS PROBLEM DER DETERMINATION VON ERKENNTNISENTWICKLUNG

AKADEMIE-VERLAG BERLIN

SITZUNGSBERICHTE DER SÄCHSISCHEN AKADEMIE DER WISSENSCHAFTEN ZU LEIPZIG

PHILOLOGISCH-HISTORISCHE KLASSE

Band 121

Heft 1 Prof. Dr. Karl Czok, Vorstädte. Zu ihrer Entstehung, Wirtschaft und Sozialentwicklung in der älteren deutschen Stadtgeschichte 1979. 28 Seiten – 8°

Heft 2 Prof. Dr. Hans-Joachim Diesner, Politik und Ideologie im Westgotenreich von Toledo: Chindasvind 1979. 35 Seiten – 8°

Heft 3 Prof. Dr. Joachim Müller, Die dramatische Funktion von Mephistos Monolog in Goethes „Faust" I: „Verachte nur Vernunft und Wissenschaft . . ." (V. 1851–1867) 1980. 32 Seiten – 8°

Heft 4 Prof. Dr. Kurt Rudolph, Antike Baptisten. Zu den Überlieferungen über frühjüdische und -christlicheTaufsekten 1981. 40 Seiten – 8°

Heft 5 Prof. Dr. Claus Träger, Lessing – Kritik und Historizität 1981. 34 Seiten – 8°

Heft 6 Prof. Dr. Albrecht Neubert, Zu einigen aktuellen Problemen der lexikalischen Semantik 1981. 20 Seiten – 8°

Band 122

Heft 1 Prof. Dr. Joachim Müller, Der vierte Akt im Zweiten Teil von Goethes „Faust". Aktion und Bezüge 1981. 26 Seiten – 8°

Heft 2 Prof. Dr. Gerhard Dudek, Lew Tolstoi – Künstlerische Entdeckung und ästhetische Herausforderung 1981. 20 Seiten – 8°

Heft 3 Prof. Dr. Zsigmond Telegdi, Ein Beitrag zur Lehre vom sprachlichen Zeichen 1981. 36 Seiten – 8°

Heft 4 Prof. Dr. Rolf Lieberwirth, Eike von Repchow und der Sachsenspiegel 1982. 50 Seiten – 8°

Heft 5 Prof. Dr. Ernst Eichler, Ergebnisse der Namenforschung im deutsch-slawischen Raum 1982. 48 Seiten – 8°

Heft 6 Prof. Dr. Siegfried Wollgast, Die Philosophie in Deutschland von der Reformation bis zur Aufklärung – Hauptetappen und Tendenzen 1982. 59 Seiten – 8°

Band 123

Heft 1 Prof. Dr. Eberhard Brüning, Sinclair Lewis und die endgültige Emanzipation der amerikanischen Literatur 1982. 25 Seiten – 8°

Heft 2 Prof. Dr. Ernst Werner, Sultan Mehmed der Eroberer und die Epochenwende im 15. Jahrhundert 1982. 71 Seiten – 8°

Heft 3 Prof. Dr. Werner Neumann, Über das funktionale Wechselverhältnis von Vokalität und Instrumentalität als kompositionstechnisches Grundphänomen 1982. 30 Seiten – 8°

Heft 4 Prof. Dr. Karl Czok, Über Traditionen sächsischer Landesgeschichte 1983. 44 Seiten – 31 Tafeln – 8°

Heft 5 Prof. Dr. Dr. Kurt Rudolph, Wellhausen als Arabist 1983. 57 Seiten – 8°

Heft 6 Prof. Dr. Terence Frederick Mitchell, Soziolinguistische und stilistische Aspekte des gesprochenen Arabisch der Gebildeten (Educated Spoken Arabic) in Ägypten und der Levante 1984. 22 Seiten – 8°

Band 124

Heft 1 Prof. Dr. Hans Hiebsch, Dr. Renate Haschke, Methodologische Probleme der Psychologie bei der Systemanalyse menschlicher Handlungen 1984. 26 Seiten – 11 Abbildungen – 8°

Heft 2 Prof. Dr. Albrecht Neubert, Diskurs über den Diskurs. Neue Denkanstöße in der Sprachwissenschaft oder Zur Gegenstandsbestimmung der Linguistik 1983. 16 Seiten – 8°

Heft 3 Prof. Dr. Werner Bahner, Kontinuität und Diskontinuität in der Herausbildung der romanischen Sprachwissenschaft 1983. 40 Seiten – 8°

Heft 4 Prof. Dr. Rudolf Růžička, Sprachwissenschaft und Sprachkunst. Ein Beispiel: Die Metapher 1983. 44 Seiten – 8°

Heft 5 Prof. Dr. Joachim Müller, Das Alte und das Neue. Historische und politische Realität in Theodor Fontanes Roman „Der Stechlin" 1983. 34 Seiten – 8°

Heft 6 Prof. Dr. Karl Czok, Karl Lamprechts Wirken an der Universität Leipzig 1984. 30 Seiten – 1 Abbildung – 8°

SITZUNGSBERICHTE DER SÄCHSISCHEN AKADEMIE
DER WISSENSCHAFTEN ZU LEIPZIG

Philologisch-historische Klasse
Band 130 · Heft 5

DIETER WITTICH
HORST POLDRACK

DER LONDONER KONGRESS ZUR WISSENSCHAFTSGESCHICHTE 1931 UND DAS PROBLEM DER DETERMINATION VON ERKENNTNISENTWICKLUNG

AKADEMIE-VERLAG BERLIN

Vorgetragen in der Sitzung am 11. Dezember 1987
Manuskript eingereicht am 24. April 1989
Druckfertig erklärt am 26. März 1990

ISBN 3-05-001062-2
ISSN 0138-3957

Erschienen im Akademie-Verlag Berlin, Leipziger Straße 3–4, DDR - 1086 Berlin

Printed in the German Democratic Republic
Gesamtherstellung: IV/2/14 VEB Druckerei »Gottfried Wilhelm Leibniz«,
4450 Gräfenhainichen · 7460
LSV 0155
Bestellnummer: 755 217 9 (2026/130/5)

INHALT

Einleitung 5
I Determination von Wissenschaftsentwicklung in der Sicht von Boris Hessen 1931 . . . 6
II Der Londoner Kongreß von 1931 und die englische Wissenschaftler-Linke 15
III Die Weiterführung des Hessen-Modells 31
Anmerkungen 43

EINLEITUNG

Die nachfolgende Untersuchung widmet sich der Wirkungsgeschichte eines wissenschaftlichen Kongresses, der seit den dreißiger Jahren unseres Jahrhunderts die Auffassung zur Determination von Wissenschaft international stark beeinflußt hat. Die Rede ist vom II. Internationalen Kongreß für Geschichte der Wissenschaft und Technik, der vom 29. Juni bis zum 4. Juli 1931 in London, im Science Museum (South Kensington), stattfand.[1] Der Kongreß war von der 1928 gegründeten Internationalen Akademie für Wissenschaftsgeschichte veranstaltet worden, die bereits 1929 den ersten Kongreß dieser Art in Paris durchgeführt hatte.[2] Was dem Londoner Kongreß für Geschichte der Wissenschaft und Technik eine bis in unsere Gegenwart reichende Wirkung ermöglichte, waren Beiträge, die sowjetische Kongreßbesucher in London vorgelegt hatten. Sie betrafen die praktisch-soziale Determination von Wissenschaft und insbesondere den Einfluß der beiden in unserer Epoche dominierenden Gesellschaftsformationen dabei. Diese Beiträge haben räumlich und zeitlich weit über den Londoner Kongreß hinaus das konzeptionelle Denken über die Determination von Wissenschaft und Erkennen überhaupt angeregt oder herausgefordert.

Wegen der unterschiedlichen, ja gegensätzlichen Betrachtung, die die sowjetischen Beiträge international fanden, ist die Untersuchung ihrer Wirkungsgeschichte zugleich für die Beantwortung der Frage relevant, wie sich in unserer Epoche und weltweit ideologietheoretische Entwicklungen vollziehen. Wir sind es gewohnt, ideologische Theorien mit diesem oder jenem Klasseninteresse, mit dieser oder jener Gesellschaftsformation, mit einem besonderen Land auch zu verbinden. Weit weniger wurde indes beachtet, daß auch in unserer Zeit die Produzenten ideologietheoretischer Konzepte, die unterschiedlichen sozialen Kräften verpflichtet sind, sich nicht nur voneinander abgrenzen und bekämpfen, sondern sich auch gegenseitig befragen, aufeinander reagieren, dabei voneinander lernen und ihre Ideen modifizieren.

I Determination von Wissenschaftsentwicklung in der Sicht von Boris Hessen 1931

Eine acht Wissenschaftler umfassende sowjetische Delegation war auf dem Londoner Kongreß für Geschichte der Wissenschaft und Technik des Jahres 1931 nicht erwartet worden. Sie war unangemeldet, jedenfalls in dieser Stärke.[3] Die Abreise der Delegation aus Moskau war so spät erfolgt, daß sie nur mittels Flugzeugen den Kongreßort noch pünktlich erreichen konnte.[4] Für die Eile ihres Aufbruchs zeugt auch, daß eines der Flugzeuge nach dem Abflug noch einmal nach Moskau zurückkehrte, weil ein Kongreßbesucher, Nikolaj Bucharin, sein Vortragsmanuskript vergessen hatte.[5]

Die sowjetische Delegation bestand aus Gesellschafts- und Naturwissenschaftlern.[6] Die sowjetische Gesellschaftswissenschaft wurde repräsentiert durch Nikolaj Bucharin, damals Leiter der Industrieforschungsinstitute beim Obersten Volkswirtschaftsrat der UdSSR und Vorsitzenden der Kommission für Geschichte des Wissens an der Akademie der Wissenschaften der UdSSR, sowie durch M. O. Rubinstejn, einen Ökonomieprofessor aus Moskau, der sowohl dem Präsidium der damals noch bestehenden Kommunistischen Akademie als auch der Staatlichen Plankommission angehörte. Zwei weitere Angehörige der sowjetischen Delegation waren zwar von ihrer Ausbildung her Naturwissenschaftler, hatten sich aber später zumeist mit philosophischen und historischen Fragen ihrer Disziplin beschäftigt. Es handelt sich um den aus der ČSR stammenden Mathematiker Ernest Kol'man, damals Mathematikprofessor in Moskau und Präsident der Vereinigung naturwissenschaftlicher Institute, sowie um Boris Hessen (russ.: Gessen), einen Physikprofessor an der Moskauer Universität, der, wie auch Kol'man, Präsidiumsmitglied des Staatlichen Wissenschaftlichen Rates war. Als Naturwissenschaftler gehörten der sowjetischen Delegation die Physiker Abram Joffe und V. F. Mitkevič sowie der Genetiker Nikolaj I. Vavilov, damals Präsident der Akademie der Landwirtschaftswissenschaften, und der Physiologe B. M. Zavadovskij an, der u. a. in Moskau ein biologisches Museum leitete. Vier Angehörige der Delegation waren Mitglieder der Akademie der Wissenschaften der UdSSR: Bucharin, Joffe, Vavilov und Mitkevič. Leiter der hochrangigen Delegation war Bucharin.

Die sowjetischen Wissenschaftler waren aus einem Land angereist, das sich darum bemühte, seinen ersten Fünfjahrplan (1929–1933) in nur vier Jahren zu erfüllen, das sich eine Schwerindustrie schuf und dabei war, seine Landwirtschaft zu kollektivieren. Die sowjetische Wissenschaft wurde durch die Führung der KPdSU darauf orientiert, die theoretische Basis des angestrebten politischen, ökonomischen und technischen Fortschritts zu erarbeiten. Für diesen Zweck wurden zum ersten Mal in ihrer Geschichte wesentliche Bereiche der Wissenschaft im gesamtgesellschaftlichen Rahmen zu planen versucht. Die erkannte gesellschaftliche Bedeutung der Wissenschaft hatte zahlreiche Schritte ihres extensiven Wachstums veranlaßt. Die Zahl der Forschungsinstitute, ihrer Mitarbeiter und der von ihnen untersuchten Gegenstände wuchs sprunghaft. Gleiches traf für die Zahl der Hoch- und Fachschulen sowie die der Studenten zu.[7] Mit dem extensiven Wachstum der Wissenschaft erwartete man ein entsprechendes Ansteigen ihrer Leistungen, ohne jedoch vorerst weitere Voraussetzungen für dieses Ziel sonderlich zu thematisieren. Das sollte auch auf das Wissenschaftsverständnis der sowjetischen Teilnehmer nicht ohne Einfluß bleiben.

Die sowjetischen Kongreßteilnehmer waren zuversichtlich, was die weitere Zukunft ihres Landes insgesamt und die seiner Wissenschaft im besonderen betraf. Die politischen Repressalien der folgenden Jahre lagen noch vor ihnen, deuteten sich erst vergleichsweise milde an.[8] Jedenfalls konnte wohl keiner der sowjetischen Kongreßbesucher ahnen, daß mindestens drei von ihnen die „Stalin-Zeit" nicht überleben würden.

Die sowjetischen Gelehrten trafen in einem Land ein, das sich mitten in einer Weltwirtschaftskrise befand, Millionen Arbeitslose zählte und das den verheerendsten Krieg mitzuverantworten hatte, den die Menschheit bis dahin erlebt hatte. Das hatte auch unter den englischen Wissenschaftlern die Aufmerksamkeit für soziale Aspekte ihres Tuns deutlich erstarken lassen. Besonders traf dies für die Mitglieder der „Association of Scientific Workers" zu, einer Art Wissenschaftler-Gewerkschaft, die später (1940) dann auch als solche anerkannt wurde. Sie vereinte bis zu zehn Prozent aller englischen Wissenschaftler in ihren Reihen. Innerhalb dieser „Association" gab es eine Gruppierung, deren Angehörige als „wissenschaftliche Humanisten", aber auch als „Radikale" bezeichnet wurden und in der u. a. auch eine in Cambridge beheimatete „Anti-War-Group" existierte. Der später bekannteste Angehörige dieser Gruppierung war der Cambridger Kristallograph John Desmond Bernal.[9] Eben diese Gruppierung sollte aus den Beiträgen der sowjetischen Kongreßbesucher entscheidende politische und theoretische Impulse für ihr weiteres öffentliches Wirken erhalten.

Der Kongreß selbst, an dem ca. 250 Wissenschaftler aus 25 Ländern teilnahmen, vor allem jedoch aus England und den USA,[10] beschäftigte sich mit verschiedenen Themen. Folgt man den Hauptreferaten, dann handelte es sich vor allem um die folgenden Fragen: Welchen Platz sollte die Wissenschaftsgeschichtsschreibung in der allgemeinbildenden Schule und in der Hochschulbildung beanspruchen? Wie ist das Verhältnis von Physikalischem und Biologischem zu beurteilen? Welcher Zusammenhang besteht zwischen den sogenannten reinen und den sogenannten angewandten Wissenschaften?[11] Der Name des Kongresses wurde also ziemlich großzügig interpretiert.

Die sowjetischen Teilnehmer diskutierten zu allen diesen Fragen.[12] Darüber hinaus führten sie vorbereitete Beiträge mit sich. Für eine Konferenz waren sie aber zumeist zu umfangreich, und sie lagen zudem nur in russischer Sprache vor. Nachdem man sich schließlich mit der Kongreß-Leitung dahingehend geeinigt hatte, daß am Tag nach dem ursprünglich geplanten Abschluß, d. h. am 4. Juli 1931, die sowjetische Delegation ihre vorbereiteten Beiträge geschlossen vortragen konnte,[13] blieben dieser nur noch fünf Tage für die Übersetzung ihrer Abhandlungen und für die Vervielfältigung der englischen Fassungen. Die Übersetzung mußte also in großer Eile erfolgen, und sie war nur dank der Mithilfe von Laien möglich. Am 4. Juli lagen dann die einzelnen Beiträge als gesonderte Broschüren vor, und der jeweilige Wissenschaftler konnte 10–15 Minuten zu seiner Vorlage sprechen. Wenige Tage später erschienen alle sowjetischen Beiträge vereint in einem gemeinsamen Band von 235 Druckseiten, der den Titel „Science at the Cross Roads" trug und als Verlag „Kniga London" auswies.[14]

Die sowjetischen Beiträge untersuchten vorwiegend das Verhältnis von Gesellschaftsformation und Wissenschaft, namentlich das von Kapitalismus bzw. Sozialismus und Wissenschaft. Welchen Einfluß konnte und kann der Kapitalismus auf die Wissenschaft ausüben, welchen der Sozialismus? Insbesondere N. Bucharin und M. O. Rubinstejn widmeten sich dieser Frage.

In Bucharins Sozialismus-Konzept nahm die Wissenschaft seit langem einen Platz ein, der über Sein oder Nichtsein dieser sozialen Ordnung mitentscheidet. Bereits 1920 hatte er in seinem Buch „Ökonomik der Transformationsperiode" ausgeführt, daß einem historisch stabilen Sozialismus vier Revolutionen zugrunde liegen würden. Die erste sei die ideologische Revolution, die der Arbeiterklasse eine eigenständige weltanschauliche Theorie erbringt. Diese Revolution sei namentlich die Tat von K. Marx und F. Engels gewesen. Die ideologische Revolution ermögliche der Arbeiterklasse die politische, d. h. die Eroberung der Staatsmacht, wie das 1917 in Rußland geschah. Für die politische Revolution gelte, je leichter die politische Macht erobert werden könne, um so schwieriger sei die Gestaltung aller weiteren Schritte auf dem Weg zu einer sozialistischen Gesellschaft. Denn eine relativ leichte Eroberung der politischen Macht sei nur dort möglich, wo, wie in Rußland 1917, der Kapitalismus erst schwach entwickelt sei. Schon die nächste seiner vier Revolutionen schien Bucharin das zu bestätigen. Diese Revolution nannte er die ökonomische. Ihren Inhalt sah er in einer umfassenden Verwirklichung sozialistischer Besitzverhältnisse, der ja in der Sowjetunion eine erst wenig vergesellschaftete Landwirtschaft im Wege stand. Aber historisch etabliert sei der Sozialismus als soziale Ordnung erst dann, wenn die neu erreichten Machtstrukturen und Besitzverhältnisse für eine technische Revolution genutzt würden, mit der sich der Sozialismus die geschichtlich fortgeschrittenste Technik und Wissenschaft erarbeite.[15]

Diese von ihm so sehnsüchtig erwartete technische und wissenschaftliche Revolution glaubte Bucharin gegen 1930 in der Sowjetunion ermöglicht und begonnen. Mit dem Einsatz seiner ganzen Person rang er um ihr Vorankommen. Noch vor dem Londoner Kongreß hatte er Anfang 1931 in Moskau das Hauptreferat auf der ersten Allunionskonferenz zur Planung der wissenschaftlichen Forschung gehalten. In einer Resolution dieser Konferenz hieß es: Es komme darauf an, „im Laufe von zehn Jahren die kapitalistischen Staaten einzuholen und zu überholen, als Weltzentrum der neuen, mächtigen sozialistischen Technik, ... in die Arena der Geschichte einzutreten".[16]

Zur gleichen Zeit bereitete Bucharin die Herausgabe der Zeitschrift SORENA vor, d. h. der Zeitschrift „Socialističeskaja rekonstrukcija i nauka", die aber erst nach dem Londoner Kongreß ihr Erscheinen begann. Die Herausgabe der Zeitschrift SORENA, die von 1931 bis 1936 mit ca. acht Ausgaben pro Jahr erschien, wurde auf der Grundlage eines entsprechenden Beschlusses des Zentralkomitees der KPdSU (B) vorbereitet. Die Herausgeber stellten sich die Aufgabe, „die gesamte wissenschaftliche und wissenschaftlich-technische Arbeit mit den in technisch-ökonomischen Plänen gestellten Aufgaben der sozialistischen Rekonstruktion sowie mit den allgemein-politischen Aufgaben des Proletariats zu verbinden, wie sie in den Direktiven der Partei und ihres ZK gestellt sind"[17]. Im Näheren sollte die Zeitschrift das Ziel, die Sowjetunion international an die Spitze von Wissenschaft und Technik zu rücken, u. a. durch Beratung und Diskussion von Erfahrungen zur Organisation, Planung, Leitung und weltanschaulichen Orientierung der Wissenschaft unterstützen.[18] Als Herausgeber oder ständige Mitarbeiter der Zeitschrift hatte Bucharin u. a. so bekannte Wissenschaftler wie die Physiker A. Joffe und S. I. Vavilov, den Genetiker N. I. Vavilov oder den Biochemiker A. I. Oparin gewonnen.

In London war Bucharin mit seinem Vortrag „Theorie und Praxis vom Standpunkt des dialektischen Materialismus" bemüht, marxistisch-philosophische Voraussetzungen einer Beurteilung des Verhältnisses von Wissenschaft und Praxis darzulegen.[19] Er bestimmte, indem er einen bekannten Satz von Karl von Clausewitz abwandelte, die Wissenschaft als Fortsetzung der Praxis mit anderen Mitteln. Die Ansicht von einer „reinen", im Sinne einer von der Praxis unabhängigen Wissenschaft verwarf er. Deshalb auch richtete er seine Kritik gegen philosophische Auffassungen, die bereits von ihrem erkenntnistheoretischen Ansatz her eine Verbindung der Wissenschaft zu einer ihr vorgegebenen Wirklichkeit bezweifeln. Bucharin analysierte und kritisierte eingehender den neopositivistischen Wiener Kreis, der wesentlich von Naturwissenschaftlern getragen wurde und unter diesen damals großen Einfluß besaß.

Eine Konkretisierung seines Referats bot der Ökonom M. O. Rubinstejn mit dem Vortrag „Beziehungen zwischen Wissenschaft, Technik und Ökonomie im Kapitalismus und in der Sowjetunion".[20] Rubinstejn machte auf sich abzeichnende Veränderungen im Verhältnis von Wissenschaft und Praxis aufmerksam. Immer häufiger würden neue technische Entwicklungen erst durch naturwissenschaftliche Fortschritte ermöglicht. Dabei verändere sich die Wissenschaft aber selbst, sie bilde Grenzwissenschaften aus, dränge auf interdisziplinäre Zusammenarbeit, verlange nach Beherrschung der zwischen ihren einzelnen Disziplinen bestehende Abhängigkeiten. Alles dies stoße aber im Kapitalismus auf soziale Grenzen. Die wachsende technische Bedeutung der Naturwissenschaft entfremde sie zudem im Kapitalismus dem Volke, für das damit zunehmende Arbeitslosigkeit und an Zerstörungskraft ständig wachsende Kriege einhergingen. Der Sozialismus sei solchen Entwicklungen gegenüber insofern geeigneter, als hier die Wissenschaft nicht gegen die Masse des Volkes benutzt werde. Das Gemeineigentum an Produktionsmitteln ermögliche es dieser Gesellschaft ferner, der wachsenden Abhängigkeit praktischen Fortschritts von der Wissenschaft wie der zunehmenden Verflechtung wissenschaftlicher Disziplinen zu entsprechen, indem man im Rahmen der Gesamtgesellschaft plane. Deshalb wäre die These realistisch, daß bereits mit dem 1933 beginnenden zweiten Fünfjahrplan die Sowjetunion ihre kapitalistischen Konkurrenten in Wissenschaft und Technik überflügeln werde.

Das Bild, das Bucharin, Rubinstejn und andere sowjetische Kongreßteilnehmer von der Wissenschaftsentwicklung in unserer Epoche zeichneten, blieb im Marxismus-Leninismus für viele Jahre das dominierende. Seine Mängel konnten 1931 noch nicht hervortreten. Revolutionäre Illusionen überdeckten vorerst noch manchen realen Zusammenhang.

Von den Angehörigen der sowjetischen Delegation beeinflußte indes Boris Michailovic Hessen die spätere theoretische und politische Entwicklung am stärksten und nachhaltigsten.[21] Hessen widmete seinen Beitrag dem Thema, wie es in der englischen Fassung hieß, „The Social and Economic Roots of Newton's ‚Principia'".[22] Es ging ihm also um die sozial-ökonomischen Wurzeln von Isaac Newtons „Philosophiae naturalis principia mathematica" aus dem Jahre 1687. Wie andere sowjetische Kongreßbesucher untersuchte also auch Hessen die Beziehung von Wissenschaft und Gesellschaft. Hessen (1883–1938) hatte u. a. in Edinburgh Physik studiert und arbeitete 1931 als Professor in Moskau.[23] Zwei Jahre später, 1933, wurde er zum Korrespondierenden Mitglied der Akademie der Wissenschaften der UdSSR gewählt.

Seit Mitte der zwanziger Jahre hatte Hessen Ergebnisse der modernen Physik philosophisch zu interpretieren gesucht. Angesichts der auch in der Sowjetunion diskutierten Frage, ob die Relativitätsphysik bloße Ideologie oder eine qualitative Fortbildung der Physik darstelle, vertrat Hessen die letztgenannte Position. Gegner seiner Auffassung waren u. a. der Physiker Arkadij K. Timirjazev (er leitete an der Moskauer Universität einen Lehrstuhl für Physik), der Philosoph Vladimir I. Nevskij (seit 1924 Direktor der Staatlichen Lenin-Bibliothek) und der Physiker und Philosoph Aleksandr A. Maksimov, der wie Hessen auch an der Kommunistischen Akademie tätig war.[24]

1927 hatte Hessen zusammen mit V. Jegoršin beispielsweise den Beitrag „Über das Verhältnis des Gen. Timirjazev zur modernen Wissenschaft" veröffentlicht.[25]

Die beiden Autoren wandten sich gegen die Meinung Timirjazevs, daß die Relativitätstheorie oder die Quantentheorie nichts als „machistisch-einsteinsche" Lehren seien und deshalb die Physiker zu früheren Positionen ihrer Wissenschaft, wie sie von H. Helmholtz, J. Maxwell, J. J. Thomson oder L. Boltzmann vertreten worden waren, zurückkehren sollten. Hessen betonte vielmehr, daß die moderne Physik überhaupt erst die Voraussetzung für ein dialektisch-materialistisches Verständnis dieser Wissenschaft biete. Jedenfalls wären statistische i. U. zu dynamischen Gesetzmäßigkeiten anders gar nicht philosophisch zu begreifen. Erst die moderne Physik verlange, die Objektivität des Zufalls anzuerkennen usw. Die moderne Physik führe also nicht vom Materialismus weg, sondern verlange nach ihm in seiner konsequentesten Gestalt.[26] Ein Jahr später publizierte Hessen seine Abhandlung „Grundlegende Ideen der Relativitätstheorie".[27] In ihr trug Hessen eine Wertung der Einsteinschen Physik vor, die bis heute auch für den Marxismus bestimmend blieb: Die klassische Physik könne die Relativitätstheorie nicht ersetzen. Dennoch bleibe die Newtonsche Physik nach wie vor bedeutungsvoll, sie sei ein „Grenzfall" der modernen Physik. Weiter bemerkte Hessen 1928: „Vor allem kann die Relativitätstheorie keinerlei Verantwortung für die mystischen, idealistischen und metaphysischen (im schlechten Sinne des Wortes) Interpretationen tragen, die ... von eitlen Philosophen und philosophierenden Naturforschern in ihrem Schlepptau vorgetragen werden. Solche Beispiele sind für die Geschichte der Physik nicht selten." „Fast keine ernsthafte physikalische Theorie" sei davon verschont geblieben.[28] Gerade weil sie dem „gesunden Menschenverstand" so fremd und ungewöhnlich erscheine, sei Einsteins Theorie ein Opfer solcher Interpretationen geworden. „Das alles, wir wiederholen es, hat nicht die geringste Beziehung zum Inhalt der Relativitätstheorie als einer physikalischen Theorie".[29] „Die Kritik ... der Relativitätstheorie geht von der These aus, daß, weil sie gegen die Newtonsche Konzeption des Raumes und der Zeit auftritt, sie zugleich gegen die materialistische Konzeption des Raumes kämpft und den Materialismus durch Machismus ersetzt. Diese Auffassung scheint uns in der Wurzel unrichtig. Die Anschauungen Newtons ... sind zweifellos materialistisch. Aber das bedeutet nicht, daß sie unbedingt beanspruchen können, wahr zu sein."[30]

Diese früheren Untersuchungen konnte Hessen für seinen Londoner Beitrag nutzen. Dessen Gegenstand verpflichtete ihn geradezu, die Physik Newtons philosophisch zu werten und dabei auch Newtons persönliche Weltanschauung zu beachten. Doch ungeachtet der Tatsache, daß sich wesentliche Gedanken der eben erwähnten früheren Studien Hessens auch in seinem Londoner Beitrag wiederfinden, unterschied sich dieser schon von seinem Thema her deutlich von seinen philosophischen Untersuchungen aus den zwanziger Jahren. Letztere hatten sich auf einen Vergleich von Inhalten der klassischen und der modernen Physik, auf eine philosophische Wertung dieser Inhalte beschränkt; sie waren jedoch den gesellschaftlichen Ursachen ihrer Entstehung und Entwicklung nicht näher nachgegangen. Letzteres aber macht, was die Physik Newtons betrifft, gerade das hauptsächliche Anliegen seines Londoner Beitrages aus. Eine solche Erweiterung und Vertiefung seiner Untersuchungen zur Wissenschaftsgeschichte, ihre deutlich stärker historisch-materialistische Orientierung, hat zu Recht danach fragen lassen, wie es denn zu dieser Änderung von Hessens Vorgehensweise gekommen sei. L. Graham möchte das vor allem darauf zurückführen, daß seit 1930 die philosophische Richtung um A. Deborin, zu der auch Hessen zählte, als „menschewisierender Idealismus" verdächtigt wurde.[31] Hessens Londoner Beitrag gerät so in den Verdacht, weniger ein Ausdruck seiner persönlichen wissenschaftlichen Entwicklung als eher ein solcher bloßen Taktierens zu sein.

Es entsprach gewiß nicht marxistischer Tradition zu meinen, daß zwischen den philosophischen und politischen Überzeugungen von Menschen sozusagen eine umkehrbar eindeutige Zuordnung bestehen müsse. W. I. Lenin etwa hatte in „Materialismus und Empiriokritizismus" sehr sorgfältig zwischen idealistischen philosophischen Auffassungen von A. Bogdanov oder von A. Lunačarski sowie deren revolutionärem politischem Wirken differenziert.[32] Doch waren in der Sowjetunion um 1930 solche Gleichsetzungen keineswegs so ungewöhnlich und deshalb für Hessen auch nicht so überraschend, daß sich hieraus allein oder vor allem ein wesentlicher Wandel seiner Untersuchungsweise erklären ließe. Hessen hatte sogar wenig früher in ähnlicher Weise gegenüber Vertretern einer anderen marxistischen Richtung argumentiert, deren Stil von dem der Deborin-Gruppe deutlich verschieden war. Zusammen mit I. Podvolockij verfaßte er im Herbst 1929 den Aufsatz „Die philosophischen Wurzeln des rechten Opportunismus".[33] Die beiden Autoren suchten hier die von ihnen kritisierte politische Auffassung N. Bucharins darüber, wie die Kollektivierung der Landwirtschaft erfolgen solle, direkt aus dessen angeblichem philosophischem „Mechanizismus" herzuleiten. Letzterer stelle deshalb, ähnlich theoretischen Auffassungen von E. Bernstein oder von K. Kautsky, eine Revision des Marxismus dar usw. usw.

U. E. müßte, um die veränderte Vorgehensweise Hessens in London erklären zu können, die sowjetische Gesellschaft der damaligen Zeit weit vielseitiger beachtet werden, als das Graham tut. So war mit dem ersten Fünfjahrplan folgerichtig verbunden, daß die KPdSU (B) die sowjetische Wissenschaft auf eine deutlich engere Verbindung mit der sozialistischen Industrialisierung und der Kollektivierung der Landwirtschaft orientierte. Das wiederum mußte das gesellschaftswissenschaftliche Interesse auf jene Zusammenhänge lenken, die zwischen ökonomischer Produktionsweise und Wissenschaft bestehen. Dafür waren auch historische Untersuchungen verlangt, die jedoch mehr bieten mußten als nur einen Vergleich zwischen früheren und heutigen wissenschaftlichen Theorien. Hessens Londoner Beitrag ordnet sich insofern in zahlreiche andere Aktivitäten ein, die damals in der Sowjetunion zur theoretischen Fundierung einer volkswirtschaftlichen effektiven Planung wissenschaftlicher Forschung oder der Nutzung ihrer Ergebnisse unternommen wurden.

Die genannte wissenschaftspolitische Orientierung fand sich deshalb in London keineswegs nur in Hessens Vortrag wieder. Ihr folgten mehr oder weniger deutlich auch die Beiträge der anderen sowjetischen Kongreßbesucher. Hessens Beitrag ordnet sich harmonisch in das gemeinsame Anliegen der sowjetischen Beiträge in London ein: das Verhältnis von Praxis, Gesellschaftsformation und Wissenschaft zu erhellen. Hessens frühere Untersuchungsweise von Wissenschaftsgeschichte hätte dem nicht zu genügen vermocht.

Doch im Unterschied zu Bucharin oder Rubinštejn ging Hessen in London den gemeinsamen Gegenstand weniger allgemein an. Vielmehr suchte er die praktisch-soziale Determination von Wissenschaft an einem einzelnen Werk der Vergangenheit oder, was genauer ist, an einem bestimmten Entwicklungsabschnitt der Physik, dessen Höhepunkt Newtons „Principia mathematica" waren, nachzuweisen. Mit Newton hatte Hessen zudem einen Gelehrten gewählt, der natürlich gerade in England sehr populär war. Da Hessen zudem geläufigen Ansichten zum Wirken Newtons deutlich widersprach, konnte er für seinen Londoner Beitrag schon deswegen erwarten, daß er stark beachtet werden würde.

Hessen wandte sich gegen die verbreitete Darstellung Newtons „als eines olympischen Gottes ..., der hoch über den ‚niederen' technischen und ökonomischen Interessen seiner Zeit steht und einzig in den Höhen eines abstrakten Denkens schwebt."[34] Hessen meldete einen davon „grundlegend verschiedenen Standpunkt zu Newton und seinem Werk" an.[35] Es dürften nicht nur „idelle Motive des geschichtlichen Handelns" beachtet werden.[36] Vielmehr gehe es darum, Newton, sein Wirken und seine Weltanschauung innerhalb seiner Epoche zu untersuchen, die Gesellschaft seiner Zeit als etwas zu begreifen, das auf der Basis einer bestimmten Produktionsweise ein „organisches Ganzes" bildet.[37] Die Produktionsweise Englands im 17. Jahrhundert aber sei eine frühkapitalistische gewesen. Vor allem vom Handelskapital seien die entscheidenden Impulse der Wissenschaftsentwicklung ausgegangen.

Wie suchte Hessen diese fundamentale These seines Londoner Beitrages zu begründen? Er selbst schildert seine Vorgehensweise wie folgt: Wir untersuchen „zunächst, welche ökonomischen Bedürfnisse die Entstehung und Entwicklung des Handelskapitals hervorbrachte. Dann betrachten wir, welche technischen Aufgaben die sich entwickelnde neue Wirtschaftsweise auf die Tagesordnung rückte. Schließlich recherchieren wir den Komplex physikalischer Probleme und Kenntnisse, der für die Lösung dieser technischen Aufgaben notwendig war und zu dem diese führten".[38] Von den ökonomischen zu den technischen, von den technischen zu den wissenschaftlichen Bedürfnissen fortzuschreiten, darin also bestand Hessens Vorgehensweise.

Die Vertreter des Handelskapitals hätten ökonomisch besonders danach streben müssen, den Gütertransport zu verbessern, die Handelswege besser zu schützen, Edelmetalle sowie Eisen und Kupfer intensiver abzubauen. Die Verbesserung des Gütertransports betraf vor allem die Handelsschiffahrt. Es galt also, die Landungskapazität der Schiffe, ihre Geschwindigkeit, ihre Seetüchtigkeit zu vergrößern, solidere Verfahren der Positionsbestimmung auf See zu entwickeln usw. Um diesen und anderen technischen Bedürfnissen genügen zu können, sei man wissenschaftlich auf Gebiete wie die Hydrostatik, Hydrodynamik oder die Himmelsmechanik verwiesen gewesen. Ein stärkerer Schutz der Handelswege sei nur durch bessere Feuerwaffen möglich gewesen. Ihr Fortschritt verlangte aber entsprechende wissenschaftliche Erkenntnisse, etwa solche der Ballistik.

Tatsächlich sei in der zweiten Hälfte des 17. Jahrhunderts die „Thematik" der Physik, konstatierte Hessen, „hauptsächlich durch die ökonomischen und technischen Aufgaben bestimmt worden, welche die entstehende Bourgeoisie aufgeworfen hatte".[39] An Hand einer relativ knappen, wenn auch stets werkorientierten Analyse von Newtons „Principia" suchte Hessen nun zu belegen, wie gerade dieses Werk ökonomischen und technischen Anliegen seiner Zeit folgte. Er bemerkte schließlich: „Schon diese flüchtige Betrachtung der ‚Principia' demonstriert die volle Übereinstimmung der physikalischen Thematik der Epoche, die aus den Bedürfnissen der Ökonomie und Technik erwuchs, mit dem grundlegenden Inhalt der ‚Principia', die im wahrsten Sinne des Wortes eine Zusammenfassung und Systematisierung aller entscheidenden physikalischen Probleme darstellen".[40] Weitere Zeugnisse Newtons bestätigten Hessen, daß dies auch dem Wollen des großen Physikers entsprochen habe.

Zur Stützung seiner These führte Hessen auch spätere physikalische Gegenstände an, die Newton nicht bearbeitet hatte, so die Energieumwandlung und -erhaltung. „Wenn Newton das Problem der Energieerhaltung nicht stellte und löste, so natürlich nicht deshalb, weil hierfür sein Genie nicht ausgereicht hätte. Große Menschen, wie bedeutend ihr Genius auch immer gewesen sein mag, lösten allerorts jene Aufgaben, welche die historische Entwicklung der Produktivkräfte und -verhältnisse stellte".[41] Das Problem der Energieumwandlung und -erhaltung habe erst mit dem späteren industriellen Kapitalismus ein starkes wissenschaftliches Interesse erheischen können.

Zu der bisher skizzierten Vorgehensweise bemerkte Hessen allerdings selbst: „Es wäre jedoch eine große Vereinfachung und sogar Vulgarisierung, wenn wir jedes Problem, mit dem sich dieser oder jener Physiker beschäftigte, jede Aufgabe, die er löste, unmittelbar aus der Ökonomie und Technik herleiten würden".[42] Das „ökonomische Moment ist nicht das einzig bestimmende ... Die ökonomische Situation ist die Grundlage. Die Entwicklung einer Theorie, die individuelle Arbeit eines Gelehrten beeinflussen auch verschiedenartige

Überbauelemente: die politischen Formen des Klassenkampfes und dessen Resultate, die Widerspiegelung dieser Kämpfe in den Köpfen der Akteure, die politischen, juristischen, philosophischen Theorien, die religiösen Anschauungen und deren Ausbildung zu einem Dogmensystem".[43]

Das gelte auch für Newton, der in den Klassenkämpfen seiner Zeit politisch für das Bürgertum Partei genommen und die damals dominierende religiöse Gestalt der bürgerlichen Ideologie vertreten habe. Dieser politischen und ideologischen Position Newtons habe auch sein weltanschauliches Verständnis der Mechanik entsprochen: Er habe ja die Bewegungsursache außerhalb der Materie gesucht, Raum und Zeit neben die Materie postiert und die Frage nach dem Gewordensein und der Entwicklung materieller Bereiche nicht gestellt. Es war also sicher nicht nur der Naturforscher Nwton gemeint, wenn Hessen schließlich erklärte: „Newton beendete die erste naturwissenschaftliche Periode zur anorganischen Natur".[44] Schließlich legte Hessen dar, daß weder zur Zeit Newtons noch im 20. Jahrhundert soziale Mißstände, die mit der praktischen Nutzung von Naturwissenschaft einhergehen, in dieser oder der Technik ihre Ursache haben. Eine solche Annahme werde vielmehr durch den bereits von K. Marx erkannten „Warenfetischismus" hervorgerufen.[45] Die eigentliche Ursache für die genannten Mißstände wären die kapitalistischen Produktionsverhältnisse.

So hatte Hessen skizzenhaft, doch stets um quellenmäßige Belege bemüht, Newtons Physik aus wesentlichen Bestimmungen der englischen Gesellschaft des späten 17. Jahrhunderts zu erklären versucht. Er hatte auf ökonomische wie technische, politische wie ideologische, philosophische wie religiöse Prozesse der Zeit verwiesen, um wenigstens im Umriß die damalige englische Gesellschaft als „organisches Ganzes" für sein historisches Anliegen befragen zu können. Seine Hervorhebung der Geschichtlichkeit der kapitalistischen Eigentumsverhältnisse ließ seine historiographische Abhandlung gleichzeitig zu einer wissenschaftspolitischen werden. Seine Botschaft an das krisengeschüttelte England des Jahres 1931 lautete: Erst die Aufhebung der kapitalistischen Produktionsverhältnisse kann, wie in der Sowjetunion, eine dem Volksinteresse dienende und deshalb vom Volk geachtet und unterstützte Entwicklung von Wirtschaft, Technik und Wissenschaft einleiten.

II Der Londoner Kongreß von 1931 und die englische Wissenschaftler-Linke

Am Londoner Kongreß hatten auch mehrere Vertreter der englischen Wissenschaftler-Linken innerhalb der „Association of Scientific Workers" teilgenommen: der Kristallograph John Desmond Bernal, der Biochemiker Joseph Needham, die Biologen John Burdon Sanderson Haldane und Lancelot Hogben, der Mathematik-Student David Guest sowie James Geralt Crowther vom „Manchester Guardian“, der damals wohl bekannteste Wissenschaftsjournalist Englands.[46] Weitere Naturwissenschaftler, deren Teilnahme am Londoner Kongreß von 1931 jedoch nicht verbürgt ist, standen ihnen zur Seite: der Physiker Patrick Maynard Stuart Blackett, der Biologe Julian Huxley oder der Mathematiker Hyman Levy. Diese jungen Wissenschaftler, in ihrer Mehrzahl waren sie 1931 kaum älter als dreißig Jahre, arbeiteten in international bekannten Zentren der englischen Wissenschaft, in London und Oxford, die meisten von ihnen jedoch in Cambridge.

Ihr längst waches politisches Interesse und ihr Streben nach sozialen Veränderungen hatten sicher mehrere Ursachen. Eine derselben war die sich seit Beginn des Jahrhunderts rapid und anhaltend verschlechternde Stellung Englands im internationalen Leben. Zu Ende des 19. Jahrhunderts war England das wirtschaftlich mächtigste kapitalistische Land der Welt gewesen, das zudem mit Abstand das größte Kolonialreich besaß und als ein Muster bürgerlich-demokratischen Lebens galt. Doch schon vor dem I. Weltkrieg war England in der Industrieproduktion auf den dritten Platz in der Welt zurückgefallen, von den USA und Deutschland überflügelt worden. Betrug Englands Anteil an der Industrieproduktion der Welt 1913 noch 14 Prozent, so 1929 nur noch 12 Prozent. Als 1921 die Republik Irland unabhängig wurde, begann der Zerfall des britischen Herrschaftsbereiches.

Schon das bot auch britischen Intellektuellen genug Anlaß, über das weitere Schicksal ihres Vaterlandes besorgt zu sein. Nicht wenige von ihnen fühlten sich nach dem I. Weltkrieg zur Labour-Party hingezogen, in der damals häufig vom „gemeinsamen Eigentum an Produktionsmitteln“ die Rede war. Der Gedanke an eine sozialistische Zukunft war insofern naheliegend, als der Kapitalismus offenbar am Ende seiner geschichtlichen Möglichkeiten angelangt schien. Die damals herrschende Weltwirtschaftskrise senkte nicht nur die englische Industrieproduktion um 16 Prozent, sie brachte dem Land im Sommer 1932 auch die Rekordzahl von 3,2 Millionen Arbeitslosen. In den Jahren zwischen 1921 und 1940 gab es in England niemals weniger als eine Million arbeitslose Menschen. Nur wenig früher hatte England im Weltkrieg zwischen den kapitalistischen Hauptländern eine dreiviertel Million Tote und Hunderttausende von Krüppeln zu beklagen gehabt.[47] Hinzu trat die Gefahr des Faschismus, der in Deutschland zur politischen Macht schritt und diese in Italien bereits erlangt hatte. Auch in England erhob er sein Haupt, wie die 1932 gegründete „British Union of Fascists“ unter O. Mosley anschaulich demonstrierte.[48]

Dies alles hatte nach dem I. Weltkrieg die Herausbildung einer englischen Wissenschaftler-Linken begünstigt, die Teil einer weit über die Wissenschaft hinausreichenden linken Intellektuellen-Bewegung war.[49] Ihr nächstes Anliegen war eine Verbesserung der materiellen Lage der englischen Wissenschaft und Wissenschaftler. Immerhin waren in England während der Weltwirtschaftskrise rund zehn Prozent aller akademisch ausgebildeten Fachkräfte arbeitslos. Verglichen mit anderen kapitalistischen Ländern, etwa mit Deutschland, wurden zudem die beschäftigten Hochschulabsolventen geringer entlohnt, waren sie in der Öffentlichkeit weniger anerkannt und von geringerem Einfluß.[50] Wesentlich für die linke Wissenschaftler-Bewegung war jedoch, daß es ihr bereits in den zwanziger Jahren nicht allein um die Linderung materieller Not ging, sondern um gesellschaftliche Verhältnisse, die es erlaubten, die Wissenschaft zum Wohle breiter Volkskreise zu nutzen. Die englische Wissenschaftler-Linke strebte nach sozialen Verhältnissen, die den Einsatz der Wissenschaft für den Massentod von Menschen ebenso ausschließen wie Massenarbeitslosigkeit und -elend. Wie stark sich englische Wissenschaftler durch die kapitalistische Nutzung von Wissenschaft herausgefordert sahen, unterstreicht eine Feststellung Bernals Ende der dreißiger Jahre: „Die Millionen, die im Weltkrieg Schaden erlitten haben, gewahren, daß ihre Leiden unmittelbar wissenschaftlichen Entwicklungen zuzuschreiben sind und daß die Wissenschaft, weit davon entfernt, der Menschheit zum Segen zu gereichen, sich tatsächlich als ihr schlimmster Feind entpuppt. Der Wert der Wissenschaft wird selbst in Zweifel gezogen, und schließlich waren die Wissenschaftler gezwungen, diesen Aufschrei zur Kenntnis zu nehmen".[51]

Manche Vertreter der englischen Wissenschaftler-Linken hatten bereits in den Jahren vor dem Londoner Kongreß ihrer politischen Haltung auch in Publikationen Ausdruck verliehen. J. B. S. Haldane veröffentlichte 1923 die Arbeit „Daedulus, or Science and the Future", in der auf Gefahren verwies, die mit dem wissenschaftlich-technischen Fortschritt verbunden sind. Auch ihr philosophisches Denken war längst erwacht und tendierte in materialistischer Richtung. J. Needham nahm 1927 in diesem Sinne in seiner Schrift „Man a Machine" zum Streit zwischen „Mechanisten" und „Vitalisten" in der Biologie Stellung. Zu politischen und philosophischen Fragen hatte sich damals auch bereits J. D. Bernal geäußert, beispielsweise in seiner 1927 erschienenen Schrift „The World, the Flesh and the Devil".[52] Auch in der politischen Aktion hatten sie längst als Linke Aufsehen erregt. L. Hogben etwa war bereits während des I. Weltkrieges wegen seiner pazifistischen Überzeugung inhaftiert worden.[53]

Mußte es schon verwundern, daß erfolgreiche junge Naturwissenschaftler sich derart intensiv mit Politik befaßten und dabei ausgesprochen linke Auffassungen vertraten, so noch mehr, daß sie aus den eher als aristokratisch bekannten Hochburgen englischer Wissenschaft kamen. Sie stammten überdies zumeist aus Elternhäusern, denen politisch Konservatismus weit näher als Radikalismus lag. Der Vater von J. B. S. Haldane beispielsweise, John Scott Haldane, war nicht nur ein bekannter Biologe, ein sechsfacher Ehrendoktor und seit 1897 ein geachtetes Mitglied der Royal Society, er war auch als gläubiger Christ und politisch bestenfalls als Liberaler bekannt. J. B. S. Haldanes Onkel, Richard Burdon

Haldane, war 1911 als Viscount Haldane of Cloan geadelt worden; er hatte von 1905–1912 als englischer Kriegsminister amtiert und von 1912–1915 sowie 1924 das hohe Amt eines Lordkanzlers ausgeübt. Warum also haben sich Menschen von dieser sozialen Herkunft und in beruflich gesicherten Positionen politisch als Linke engagiert? Der Marburger Soziologe Rainer Rilling macht als Grund hierfür vor allem geltend, daß damals die Hochburgen englischer Wissenschaft führend am internationalen wissenschaftlich-technischen Fortschritt beteiligt waren.[54] In dem von Ernest Rutherford geleiteten Cambridger „Cavendish Laboratory" etwa waren ja nicht nur theoretische Grundlagen der Atomphysik erarbeitet worden, sondern hier wurde auch durch J. Chadwick 1932 das Neutron entdeckt. Ähnlich führend nahm das von F. C. Hopkins geleitete „Sir William Dunn Institute of Biochemistry" der Universität Cambridge am wissenschaftlichen Fortschritt teil. Indem aber die britische „High Science" (P. C. Werskey) das naturwissenschaftliche Weltniveau mitbestimmte, stellte sich für ihre Repräsentanten die Frage nach den sozialen Folgen ihres Tuns entsprechend quälend. Zweifellos würde der Faschismus auch ihre Entdeckungen skrupellos zur Massenvernichtung von Menschen nutzen. Um einer solchen Gefahr zu begegnen, wurde etwa P. M. S. Blackett, der 1932 in Cambridge an der Entdeckung des Positrons beteiligt war, zu einem aktiven Verfechter linker Politik. Ähnliches gilt für Bernal, Needham und andere Cambridger Wissenschaftler. Und in Oxford und London stellte sich in den Forschungsinstituten die soziale Frage nicht anders.

Auf dem Londoner Kongreß unterschieden sich die anwesenden Vertreter der englischen Wissenschaftler-Linken von der Mehrzahl der Teilnehmer sowohl durch radikalere politische Auffassungen als auch durch zum Materialismus neigende philosophische Positionen. Zudem verhielten sie sich gegenüber den sowjetischen Wissenschaftlern aufgeschlossen oder sogar ausgesprochen herzlich. Jedenfalls haben in sowjetischen Zeitschriften bald nach Abschluß des Kongresses M. Rubinstejn und B. Zavadovskij übereinstimmend die englischen Wissenschaftler-Linken so geschildert.

Eine „Minderheit des Kongresses" habe ein „mitfühlendes und herzliches Verhältnis" zu sowjetischen Delegierten entwickelt. Zavadovskij berichtete weiter, daß die genannte Minderheit „hauptsächlich aus linken radikalen Kreisen der englischen wissenschaftlichen Intelligenz" bestand.[55] Namentlich unter den englischen Biologen habe es einen „uns freundschaftlich verbundenen Teil" gegeben.[56] Diese politisch links eingestellten Wissenschaftler hätten insbesondere auf die „Uneffektivität" der Wissenschaft, auf die „verarmten Universitäten", auf die um „Geheimnisschutz und Konkurrenz besorgten Industriezweige und nationalen Regierungen" in den kapitalistischen Ländern kritisch verwiesen.[57]

Einige dieser Wissenschaftler hätten „offen" „Sympathien für den Marxismus" bekundet.[58] Allerdings seien sie „nicht immer ein unsere Position gänzlich begreifendes Auditorium" gewesen.[59] Das gelte besonders im Hinblick auf den dialektischen Materialismus, während sie dem historischen Materialismus näher gestanden hätten. Beispielsweise sei Lancelot Hogben, „das Haupt des radikalen materialistischen Flügels in der gegenwärtigen englischen Biologie, gut mit dem materialistischen Geschichtsverständnis" vertraut gewesen.[60] Auch Rubinstejn erwähnte eine „Reihe von Materialisten" unter den englischen Kongreßteilnehmern. Außer Hogben führt er namentlich noch Needham an. „Hogben verwies darauf, daß die Geschichte der Wissenschaft nicht isoliert vom sozialen Umfeld betrachtet werden kann... In seinem Vortrag zeigte er sehr deutlich, wie die Biologen allesamt mehr und mehr physikalische Forschungsmethoden in ihrer Arbeit nutzen, aber gleichzeitig die philosophischen Konsequenzen fürchten, die mit der Anerkennung dieser Tatsache verbunden sind. Er sagte, daß ‚sich in den Laboratorien die materialistische Position mehr und mehr festigt und verwurzelt, während gleichzeitig bedeutende Wissenschaftler vom Katheder her ständig vom Bankrott der materialistischen Philosophie reden'". Heute sei, so habe Hogben weiter angeführt, der Materialismus „nicht mehr die Angelegenheit einer kleinen Gruppe von Gelehrten, sondern die offizielle Weltanschauung von 150 Millionen Menschen", womit er die Bürger der Sowjetunion gemeint habe.[61]

Doch obwohl Hogben „der einzige Biologe in England" sei, der Lenins „Materialismus und Empiriokritizismus" gelesen habe, bemerkte Zavadovskij, hätte er von ihm eine Erklärung verlangt, „warum Lenin sich auf die Hegelsche Dialektik stütze und zwar zu einer Zeit, als allgemein bekannt gewesen wäre, daß Dialektik nichts anderes als idealistische Philosophie darstelle".[62] Ähnliche philosophische Unkenntnis wird auch für andere englische Wissenschaftler-Linke vermerkt. Selbst sie hätten zumeist wenig darüber nachgedacht, ob „die Arbeiten von Marx und Engels irgendeine Beziehung zu den Naturwissenschaften, zur Philosophie usw. besitzen".[63]

Nichtsdestoweniger meinte Zavadovskij wenige Wochen nach dem Kongreß, unter den englischen Wissenschaftler-Linken werde sich eine Gruppe „von echtmarxistischen Naturforschern herauskristallisieren und ihren eigenen Platz in der Gesellschaft bestimmen".[64] Diese Voraussage erfüllte sich rasch, und der Beitrag der sowjetischen Delegation zum Londoner Kongreß spielte dabei eine wesentliche Rolle.

Für das soziale Unbehagen und politische Aufbegehren der englischen Wissenschaftler-Linken boten die sowjetischen Teilnehmer des Londoner Kongresses von 1931 sowohl eine theoretische Erklärung als auch eine erfolgversprechende politische Orientierung an. In London hatten sie wissenschaftsgeschichtliche und politische Prozesse historisch-materialistisch zu interpretieren gesucht. Damit hatten sie zwangsläufig den Einfluß der Eigentumsverhältnisse an Produktionsmitteln auf die Forschung und auf die Nutzung wissenschaftlicher Erkenntnisse in das Zentrum ihrer Ausführungen gerückt. Als Bürger eines Landes, das als erstes eine zum Kapitalismus alternative sozialistische Gesellschaft aufzubauen suchte, konnten die sowjetischen Kongreßteilnehmer zudem aus eigener Erfahrung mitteilen, wie gesellschaftliche Verhältnisse gestaltet werden sollten, um die von den englischen Wissenschaftler-Linken im Kapitalismus bemerkten Widersprüche und Gefahren bei der Entwicklung und Nutzung wissenschaftlicher Erkenntnisse überwinden zu können. Als Marxisten wie als Bürger der Sowjetunion repräsentierten also die sowjetischen Teilnehmer gleichermaßen Lösungen für die ernsten Sorgen ihrer englischen Kollegen.

Sowohl das theoretische wie das politische Angebot der sowjetischen Kongreßbesucher wurde von den englischen Wissenschaftler-Linken rasch akzeptiert. Aus einer nach Ursachen und Auswegen suchenden Protestgruppe wurde so in den dreißiger Jahren eine um Ursachen und Auswege wissende Wissenschaftler-Bewegung. Als Ursache für die Mängel und Gefahren, die mit der wissenschaftlichen Entwicklung in England und anderen kapitalistischen Ländern verbunden waren, bestimmten sie zunehmend konsequenter kapitalistische Eigentumsverhältnisse an Produktionsmitteln bzw. das damals mit diesen Verhältnissen verbundene politische System. Der Ausweg wurde folglich in der sozialistischen Überwindung des Kapitalismus bzw. in dessen radikaler Reform gesehen. Aus einer Protestgruppe linker Wissenschaftler wurde eine theoretisch und politisch selbstbewußte, an Umfang und Einfluß rasch wachsende „Social-Relation-of-Science-Movement".[65]

Der theoretische und politische Impuls, den die sowjetischen Kongreßbesucher der englischen linken Wissenschaftler-Bewegung mitteilten, ist von führenden Repräsentanten dieser Bewegung wiederholt hervorgehoben worden. So schrieb Bernal 1939: Die „theoretischen Grundlagen des dialektischen Materialismus ... (waren) in Westeuropa ein halbes Jahrhundert unbeachtet geblieben. In England geht das Interesse am Dialektischen Materialismus hauptsächlich auf den Weltkongreß zur Geschichte der Naturwissenschaft (London 1931) zurück, an dem eine starke sowjetische Delegation teilgenommen und angezeigt hatte, welche Fülle neuer Ideen und Gesichtspunkte für das Verständnis der Geschichte, der gesellschaftlichen Funktionen von Wissenschaft gewonnen werden konnte und auch gewonnen wird, wenn man die marxistische Theorie auf die Wissenschaft anwendet". Besonders der in „Science at the Cross Roads" „enthaltene Vortrag von Hessen über Newton war für England der Ausgangspunkt einer Neueinschätzung der Geschichte der Wissenschaft".[66] Jahrzehnte später sieht Bernal den Einfluß der sowjetischen Delegation auf die von ihm repräsentierte Bewegung eher noch größer: „... der Beitrag, den die sowjetische Delegation auf dem Londoner Kongreß zur Geschichte der Wissenschaft (1931) lieferte, hatte tiefgreifende Auswirkungen, da hier die Wissenschaft mehr als gesellschaftliches und ökonomisches Phänomen denn als Ausdruck absoluten und reinen Denkens dargestellt wurde. Man kann sagen, daß dieser Impuls eine ganz neue Schule ins Leben gerufen hat, die zusammen mit ihren Kritikern die Bedeutung der gesellschaftlichen Geschichte der Wissenschaft herausgestellt hat".[67]

Schon 1935 hatte J. G. Crowther seinem Buch „British Scientists of the Nineteenth Century" die Bemerkung vorangestellt, daß die Anregung dazu von B. Hessens „lehrreicher" Londoner Abhandlung ausgehe. „Professor Hessen erörterte in einer bisher in der englischen Literatur nicht gekannten Art und Weise die Beziehung zwischen Newtons Gedankengängen und den sozialen Grundzügen seiner Zeit".[68] Auch Crowther wertet Jahrzehnte später den Einfluß der sowjetischen Bewegung noch weit positiver. 1970 schreibt er: „Es war mir oder den meisten Leuten nie bekannt geworden, daß Newtons Principia irgendwelche sozialen und ökonomischen Wurzeln gehabt hatten. Ich kannte aus dem marxistischen Denken (zwar) das Prinzip, laut dem jede Wissenschaft ihre Wurzeln in der Gesellschaft hat; aber ich hatte es für irgendeinen konkreten Fall nicht wahrgenommen oder danach ausgeschaut, besonders nicht im größten Fall von allen, hinsichtlich von Newtons Principia. Ich hatte in konventioneller Weise gemeint, daß sie eine rein intellektuelle Schöpfung wären ... Hessens Beitrag enthüllte mir eine Methode des Beschreibens von Wissenschaftsgeschichte, die weit gründlicher als die konventionelle war".[69]

Auch Needham verweist vierzig Jahre nach dem Kongreß vor allem auf B. Hessens Beitrag, den er einen „epochemachenden Text" nennt, „eine umfassende und klassische Darlegung der marxistischen Wissenschaftshistoriographie".[70] Als „epochemachend" hatte auch schon 1939 der Londoner Mathematiker H. Levy den Londoner Kongreß von 1931 bezeichnet.[71]

Mit den angeführten Äußerungen aus den dreißiger Jahren und später, mit denen führende Vertreter der englischen Wissenschaftler-Linken die Bedeutung des Londoner Kongresses für ihre weitere Tätigkeit würdigten, soll allerdings nicht behauptet werden, daß nur dank der sowjetischen Beiträge auf diesem Kongreß die genannte Wissenschaftler-Bewegung eine vorwiegend marxistische und sozialistische Orientierung finden konnte. Einer solchen Annahme würde bereits die Tatsache widersprechen, daß damals auch in anderen kapitalistischen Ländern linke Wissenschaftler-Bewegungen entstanden, die sich gleichfalls am Marxismus orientierten.[72] Allerdings wurden diese Bewegungen von der englischen bereits teilweise mitstimuliert, ohne jedoch an Umfang, politischer Aktivität und gesellschaftlichem Einfluß die „Social-Relation-of-Science-Movement" auch nur annähernd erreichen zu können. Kann also die marxistische Orientierung der englischen Wissenschaftler-Linken nicht allein aus dem Londoner Kongreß von 1931 erklärt werden, so ist doch gewiß, daß dieses Ereignis deren weltanschauliche und politische Neuorientierung beschleunigte sowie theoretisch und methodisch prägte.

Welche weltanschaulichen und ideologietheoretischen Veränderungen hat der Londoner Kongreß von 1931 bei den englischen Wissenschaftler-Linken im näheren ausgelöst oder geformt? Zu dieser Frage darf zunächst festgehalten werden, daß solche Veränderungen relativ leicht feststellbar sind. Seit den dreißiger Jahren haben nämlich die englischen Wissenschaftler-Linken eine Vielzahl von Arbeiten zur Wissenschaftspolitik, -theorie und -geschichte, zum Marxismus und anderen Gegenständen publiziert. Sie leisteten dies neben ihrer naturwissenschaftlichen Forschungsarbeit und der dieser entsprechenden Publikationstätigkeit. Eine einigermaßen vollständige Bibliogaphie ihrer gesellschaftstheoretischen Publikationen steht allerdings bis heute noch aus. Wir müssen uns darauf beschränken, die erwähnten Veränderungen ihrem Trend nach an einigen Beispielen zu skizzieren.

Der wohl elementarste gesellschaftstheoretische Grundsatz, den die englischen Wissenschaftler-Linken seit den dreißiger Jahren propagierten, ist der vom sozialen Charakter der Wissenschaft. Der überlieferten und damals noch weit verbreiteten Idee einer autonomen, einer „reinen" Wissenschaft galt ihre Polemik. Schon der I. Weltkrieg, schrieb Bernal 1939, habe diese Idee eigentlich ad absurdum geführt.[73] Besser solle man von „Langzeit-Wissenschaft" sprechen, erläuterte Haldane, denn auch die sogenannte „reine" Wissenschaft finde ja nach geraumer Zeit ihre Anwendung, antworte demnach auch auf praktische und andere gesellschaftlich entstandene Bedürfnisse.[74] „Wir können uns nicht länger der Tatsache verschließen, daß die Wissenschaft sowohl die gesellschaftlichen Veränderungen unserer Zeit beeinflußt als auch von ihnen beeinflußt wird". Deshalb müsse „die Wechselwirkung zwischen Wissenschaft und Gesellschaft sehr viel genauer analysiert werden, als dies bisher getan wurde". Das eben sei das „Hauptanliegen" seines Buches „The Social Function of Science", bemerkte Bernal 1939.[75]

Ihr Bemühen, Wissenschaftsgeschichte materialistisch zu deuten, verbanden die englischen Wissenschaftler-Linken mit der Kritik solcher idealistischer Positionen, die sich an der modernen Naturwissenschaft zu orientieren suchten und auch von Naturforschern selbst vertreten wurden. Ihre Polemik galt deshalb besonders den Physikern und Astronomen Arthur Eddington und James Jeans, aber auch den Philosophen und Logikern Bertrand Russell und Alfred Whitehead.

Vom Marxismus übernahmen die englischen Wissenschaftler-Linken auch die für diesen spezifische Gliederung der menschlichen Gesellschaftsformen nach den jeweils dominierenden Eigentumsverhältnissen. Ihre politische wie ideologietheoretisch entscheidende Frage lautete deshalb: Wie beeinflußt der Kapitalismus und wie der Sozialismus die Wissenschaftsentwicklung? Niemand unter ihnen hielt den Kapitalismus ihrer Zeit für eine soziale Ordnung, die die Wissenschaft insgesamt günstig gestalten könne. Die Zusammenhänge von Wissenschaft und Massentod im I. Weltkrieg, von Wissenschaft und Massenarbeitslosigkeit waren ja eben erst erlebt worden oder gegenwärtig. Hinzu kam die von der englischen Wissenschaftler-Linken früh beachtete faschistische Gefahr. Der Faschismus wurde nicht nur als gefährlich für den Weltfrieden, für das eigene Volk und fremde Nationen erkannt, sondern nicht minder für die Wissenschaft selbst. Treffend bemerkte Bernal: „Der Versuch, den Geist der Wissenschaft abzutöten, sich zugleich aber ihrer Vorteile zu versichern, führt in einen Konflikt, in welchem zunächst die Wissenschaft und letztlich der Staat selbst Schaden nehmen werden", da damit zwangsläufig ein „Mangel an Schöpfertum und Flexibilität" verbunden sein müsse.[76]

Zumindest eine Demokratisierung des Kapitalismus wäre erforderlich, um einen volksfeindlichen Gebrauch wissenschaftlicher Forschung für die Zukunft auszuschließen. Solchen „Reformern", wie Julian Huxley, standen aber viele andere führende Vertreter der englischen Wissenschaftler-Linken zur Seite, die offen im Sozialismus die einzig mögliche Alternative für eine volksverbundene Wissenschaft sahen. Blackett schrieb 1935 in seiner in London erschienen Schrift „The Frustration of Science": „Ich glaube, daß der einzige Weg ein konsequenter Sozialismus ist".[77] Haldane erklärte gegen Ende des II. Weltkrieges: „Ich wünsche, daß in England Sozialismus sein wird ..."[78] und Bernal schrieb bei Ausbruch dieses Krieges: Es sei sicher, „daß das gegenwärtige ökonomische System und der Fortschritt der Wissenschaft nicht mehr allzulange miteinander zu vereinen sind. Entweder wird die Wissenschaft zugrundegerichtet und das System selbst in Krieg und Barberei versinken, oder das System muß geändert werden, damit die Wissenschaft ihrem Anliegen nachkommen kann".[79] Symptomatisch für diese Sicht der Zukunft war auch die 1936 im Umfeld der englischen Wissenschaftler-Linken erschienene Schrift: „Britain without Capitalists. A study what industry in a Soviet Britain could achieve, by a group of economists, scientists and technicians".

Nach dem bisher Dargelegten könnte man die englischen Wissenschaftler-Linken für zwar engagierte, aber wenig originelle Fürsprecher von demokratischen Reformen bzw. des Marxismus und Sozialismus halten. Doch eine solche Wertung würde ihrer tatsächlichen Leistung kaum gerecht. Sie waren gesellschaftstheoretisch auch Initiatoren neuer Untersuchungsrichtungen bzw. reflektierten bereits erschlossene Gegenstände abgewogener als das damals im Marxismus-Leninismus üblich war. Auch dies kann hier nur knapp angedeutet werden.

Natürlich sympathisierten die englischen Wissenschaftler-Linken mit der Sowjetunion, nicht wenige von ihnen waren sogar ausgesprochene Bewunderer dieses Landes. Die rasche industrielle Entwicklung der UdSSR, vor allem auch die Aufmerksamkeit und Unterstützung, die die Sowjetmacht der Volksbildung, den Hochschulen und der wissenschaftlichen Forschung widmete, der Versuch, zum erstenmal in der menschlichen Geschichte, Wissenschaft im Rahmen einer Gesellschaft zu planen, fanden ihre Anerkennung und ihren Beifall. In ihren Publikationen versuchten sie darüber hinaus die sowjetische Wissenschaft vom Schein des Esoterischen und des Primitiven zu befreien. Schon 1932 legte der Biologe J. Huxley den Titel „A Scientist among Soviets" vor, Crowther publizierte 1936 seine Arbeit „Soviet Science" und J. Needham gab 1942 zusammen mit J. S. Davies den Sammelband „Science in Soviet Russia" heraus.

Doch ungeachtet ihrer aufrichtigen Sympathie für die Sowjetunion waren sie auch bei diesem Land um eine wissenschaftlich-nüchterne Beurteilung seines erreichten Entwicklungsstandes bemüht. So veröffentlichte der Marxist und Kommunist Haldane 1938 – in Moskau fanden damals auf Verleumdung beruhende politische Prozesse statt – „The Comperative Study of Freedom". Haldane führte aus, daß die „Diktatur des Proletariats" in der Sowjetunion die politische Freiheit seiner Bürger erheblich eingeschränkt habe. Er versuchte so – gemessen am sozialistischen Ideal - auf die Anomalität des politischen Lebens in der UdSSR aufmerksam zu machen, auf den nur vorübergehenden Charakter solcher Repressionen, die er vor allem auf die außenpolitische Bedrohung dieses Landes zurückführte.[80] Auch der Marxist und Kommunist Bernal urteilte ähnlich nüchtern. Er lobte 1939 die Sowjetunion als das Land, „in welchem die wirkliche Funktion der Wissenschaft erkannt wurde", machte aber zugleich „Mängel" und manche „Rückständigkeit" geltend.[81]

Sie waren auch deshalb keine blinden Verteidiger aller Vorgänge in der Sowjetunion, weil sie erreichte und zukünftige sozialistische Entwicklungen in engem Zusammenhang mit der Geschichte des jeweiligen Landes sahen. So schrieb Haldane 1942: „Ich möchte überall Sozialismus sehen, obwohl ich nicht annehme, daß der Sozialismus in Britannien dem in Rußland viel ähnlicher sein wird als die Kirche in England der russisch-orthodoxen Kirche".[82]

Auch ihr Verständnis des Marxismus suchten sie von jenen dogmatischen Auslegungen und Beschränkungen möglichst freizuhalten, die zur Zeit Stalins in der Sowjetunion und international verbreitet waren. Für ihr Verständnis des Marxismus als einer sich historisch entwickelnden und damit auch sich selbst korrigierenden Wissenschaft zeugt treffend eine Bemerkung Haldanes aus dem Jahre 1932: „Ich glaube nicht an die absolute Wahrheit des Marxismus in der Weise, wie manche an religöse Dogmen glauben. Ich glaube nur, daß er der Wahrheit nahe genug ist, um mein Leben für ihn gegen alle rivalisierenden Theorien zu wetten..."[83]

Eine solche Haltung sicherte den englischen Wissenschaftler-Linken gesellschaftstheoretische Erfolge, die besonders auf wissenschaftshistoriographischem und -theoretischem Gebiet die spätere Entwicklung deutlich beförderten. Man kann vielleicht sagen, daß sie die Kreativität marxistischen Denkens in einer Zeit aufrechterhielten, als dieses Vermögen unter Wissenschaftlern selten war.

So suchten sie Abschnitte der Wissenschaftsgeschichte historisch-materialistisch zu begreifen, die ihnen für ihr politisches Anliegen wichtig erschien, aber die bislang vom Marxismus wenig beachtet worden waren. Crowther legte 1935 das bereits erwähnte Buch „Britsh Scientists of the Nineteenth Century" vor, bereits ein Jahr früher war von J. Needham die Schrift „A History of Embryology" erschienen. Derselbe Autor begann zwanzig Jahre später sein vielbändiges historiographisches Werk „Science and Civilization in China" zu veröffentlichen. Bernal versuchte 1939 im 2. Kapitel seines Werkes „The Social Function of Science" einen Abriß der Wissenschaftsentwicklung in den einzelnen Gesellschaftsformationen zu geben. 1954 baute er diesen dann zu dem umfangreichen Werk „Science in History" aus.

Welche originellen Überlegungen sie bisweilen zum Verhältnis von Gesellschaftsformation und Wissenschaft vortragen konnten, veranschaulicht folgende Passage aus Crowthers „English Scientists of the Nineteenth Century": „Die wirtschaftliche Struktur des Kapitalismus konnte sich nicht ohne eine genaue Kenntnis der Gleichwertigkeit der verschiedenen Energieformen entwickeln. Ein genauer Preis für die elektrische Energie, für Gas, Kohle und Arbeitskraft kann nicht ohne eine genaue Kenntnis ihrer relativen Werte festgelegt werden und diese können nicht ohne ihren Ausdruck in Begriffen einer Wesenheit bestimmt werden, deren verschiedenartige Formen sie darstellen. Diese Wesenheit ist die Energie. Daher macht das kapitalistische Verlangen, alle Dinge zum Verkauf anzubieten, zwangsläufig die Entdeckung einer Methode erforderlich, den Preis dieser grundlegend wichtigen Ware ‚Kraft' festzusetzen". So habe auch ein spezifisch kapitalistisches Interesse auf die Entdeckung des Gesetzes von der Erhaltung und Umwandlung der Energie gedrängt.[84]

Auch über das Verhältnis von Gesellschaftsformation und Wissenschaft hinaus machten historiographische Arbeiten der englischen Wissenschaftler-Linken auf Aspekte aufmerksam, die vom Konzept der „reinen Wissenschaft" aus schwerlich ein Interesse hätten finden können. So untersuchte Crowther, wie englische Naturforscher des 19. Jahrhunderts den sozialen Charakter von Wissenschaft reflektierten, sich allmählich der Wissenschaft als einer produktiven Kraft bewußt wurden, welche Konsequenzen sie daraus für die Organisation der Forschung, für die Ausbildung an den Universitäten usw. zogen.

Mit ihren historiographischen Darlegungen waren ihre wissenschaftstheoretischen eng verbunden. Bei der Herausbildung der Wissenschaftssoziologie und erst recht bei dem Bemühen, deren Gegenstand historisch-materialistisch zu begreifen, waren sie international Pioniere. Bernals Buch „The Social Function of Science" war der international umfassendste Versuch, Fragen des Verhältnisses von Wissenschaft und Gesellschaft, von Organisation und Planung der Forschung, der wissenschaftlichen Ausbildung und der gesellschaftlichen Nutzung von Erkenntnissen zusammenhängend darzustellen. Die englischen Wissenschaftler-Linken verwiesen früh auf die wachsende Vergesellschaftung naturwissenschaftlicher Arbeit,[85] auf das Erfordernis, Wissenschaft im Rahmen der gesamten Gesellschaft zu planen.[86] Sie stießen in ihren Publikationen auf das Verhältnis von Normalwissenschaft und wissenschaftlicher Revolution oder reflektierten, wie im Laufe der Wissenschaftsgeschichte Vertreter konkurrierender Theorien ihren Streit beheben konnten.[87]

Doch stellten ideologietheoretische, wissenschaftsgeschichtliche und -theoretische Arbeiten nur einen Teil ihrer gesellschaftspolitischen Aktivitäten dar. Viel Zeit widmeten sie dem, was gewöhnlich als praktisch-politische Arbeit bezeichnet wird. Sie sprachen auf Versammlungen, organisierten Wissenschaftler-Meetings, knüpften internationale Verbindungen an, um ihre demokratischen und sozialistischen Ideale zu verwirklichen. Bernal, den H. Sheehan den „Prototyp eines Volksfront-Intellektuellen" nennt, war Mitte der dreißiger jahre in über sechzig Komitees tätig.[88] Für ihre Überzeugungen griffen englische Wissenschaftler-Linke auch zur Waffe. Der als Biologe längst international bekannte J. B. S. Haldane war einer der 2200 englischen Freiwilligen, die im Spanischen Bürgerkrieg gegen den Faschismus kämpften.[89] Mindestens zwei Mitstreiter der „Social-Relation-of-Science-Movement" haben in diesem Krieg ihr Leben gegeben: Der Junge Mathematiker David Guest, Autor des ersten englischen Lehrbuches zum Dialektischen Materialismus, und Christopher Caudwell, Dichter, Ästhetiker und Autor einer Abhandlung über die Krise der Physik.[90]

Als Brücke zwischen ihrer natur- sowie gesellschaftswissenschaftlichen und ihrer praktisch-politischen Arbeit diente ihnen die Populärwissenschaft. Es gehörte geradezu zum Ehrenkodex der englischen Wissenschaftler-Linken, ihr naturwissenschaftliches Wissen und ihre gesellschaftstheoretischen Einsichten so zu popularisieren, daß sie möglichst vielen Menschen bekannt werden konnten. Unter ihren Publikationen finden sich Titel wie „Science for the Citizen" oder „Mathematics for the Million" von L. Hogben[91] und „The Universe of Science" von H. Levy.[92] Haldane, der Autor von „Science and Everyday Life",[93] schrieb sogar dreizehn Jahre lang, von 1938 bis 1951, Woche für Woche in der damaligen kommunistischen Tageszeitung „Daily Worker" die Kolumne „Science for the Layman".

In ihren populärwissenschaftlichen Schriften spiegelten sich nicht nur ihre natur- und gesellschaftswissenschaftlichen Kenntnisse, sondern ihre gesamte Persönlichkeit. Deshalb weisen ihre populärwissenschaftlichen Publikationen eine große Vielfalt auf. In ihnen treten nicht nur Unterschiede in der Spezialbildung hervor, sondern auch solche der Weltanschauung und der Ansicht darüber, wie Wissenschaft am besten verständlich zu machen sei. Haldane etwa bevorzugte es, in seinen populärwissenschaftlichen Beiträgen Alltagsereignisse wissenschaftlich zu erhellen. Huxley dagegen neigte dazu, populäre Modelle von wissenschaftlichen Abhandlungen vorzustellen. Gemeinsam war ihnen aber auch als Popularisatoren das politische Engagement. Es war stets spürbar, gleichgültig ob sie, wie Huxley über „Darwinismus heute" oder „Philosophie in der Welt des Krieges" oder wie Haldane über „Was ist Materie?" oder „Wahrscheinlichkeit in Krieg und Frieden" schrieben. Hierzu hatte Bernal 1939 gemeint: Die Populärwissenschaft „wird wesentlich an Bedeutung gewinnen, wenn sie zu allgemeinmenschlichen Bestrebungen in Beziehung gebracht wird". Und: „Jedes weitverbreitete Wissen um die Ergebnisse der Wissenschaft, um die Möglichkeiten, die sie der Menschheit eröffnen, oder um die Methoden des kritischen Herangehens muß bedeutende gesellschaftliche und politische Auswirkungen nachsichziehen".[94] Ähnlich erklärte wenig später Haldane: „Ich bin überzeugt, daß es die Pflicht jener Wissenschaftler ist, die hierfür eine Gabe besitzen, ihre Gegenstände dem einfachen Mann und der einfachen Frau verständlich zu machen. Ohne ein viel breiteres Wissen über die Wissenschaft kann Demokratie in einer Welt nicht effektiv sein, in der Wissenschaft unser Leben ständig berührt."[95]

Eines der grundlegenden Ziele auch ihres populärwissenschaftlichen Wirkens war, nachzuweisen, daß Wissenschaft ständig umfassender und nachdrücklicher in das Leben breiter Volkskreise eingreift, und welche Chancen und Gefahren damit verbunden sind. Haldane verdeutlichte diese seit dem 19. Jahrhundert sich abzeichnende Tendenz besonders an Hand der Rolle, welche die Wissenschaft inzwischen für das Militärwesen und damit auch für den Kampf gegen den Faschismus erlangt hatte. Dabei konnte er auch auf seine eigenen militärischen Forschungen im II. Weltkrieg verweisen.[96] Aber noch während dieses Krieges machten die englischen Wissenschaftler-Linken auf die großen Gefahren aufmerksam, die für die Zukunft aus der militärischen genutzten Wissenschaft erwachsen könnten. Crowther zitierte in diesem Zusammenhang schon früher eine weitsichtige Bemerkung von J. Joule: „Wenn die Wissenschaft auf diese Weise ihre Hand unsauberen Zielen bietet, könnte sie eines Tages durch eigene Hand fallen".[97] Und Huxley erklärte wenig später, daß die militärische Nutzung von Wissenschaft eine Gefahr heraufbeschwört, welche nicht nur die Menschheit, sondern die gesamte biologische Entwicklung bedroht.[98]

Die Diskussion der Möglichkeit, Krieg aus der Menschheitsgeschichte zu verbannen, war deshalb ein weiteres Anliegen der populärwissenschaftlichen Tätigkeit der englischen Wissenschaftler-Linken. Huxley erläuterte seinen Lesern beispielsweise, warum Kriege nicht auf irgendeiner biologischen Ursache beruhen können.[99] Haldane ging weiter und fragte nach den sozialen Ursachen von Kriegen. Um diesen entgegenzuwirken, trat er bereits 1934 für ein breites Bündnis von friedliebenden Menschen ein: „Wir müssen darauf vorbereitet sein, uns mit den verschiedensten Menschen zu vereinigen, die unsere Ziele teilen, von den Bischöfen bis zu den Bolschewisten".[100] Dabei stieß Haldane auch auf das Verhältnis von Menschheits- und Klasseninteressen, wobei er ersteren eine übergeordnete Rolle beimaß.[101] Das Ziel der genannten Volksbewegung müsse eine friedliche „Weltgemeinschaft" sein. Diese sei allerdings nicht nur eines stabilen Friedens wegen gefordert, sondern auch aus weiteren Gründen. Nur eine friedliche Weltgemeinschaft könne beispielsweise die ökologischen Gefahren meistern, die mit der modernen Industrie verbunden sind. Haldane: „Die Ausrottung einer Art ist weit schlimmer als das Töten eines Individuums. Das Individuum wird in einer Generation ersetzt. Aber es kann eine Million Jahre dauern bis eine neue Art geschaffen wird. Die Erhaltung wertvoller Arten wäre eine Teilaufgabe der Weltgemeinschaft".[102]

Sicher vermag auch eine demokratisch orientierte Popularisierung von Wissenschaft nicht jene Grenzen zu überspringen, die mit Wissen allgemein und mit populärwissenschaftlichem im besonderen verbunden sind. So reicht auch eine solche Popularisierung von Wissenschaft politisch nicht aus, um etwa Verfügungsverhältnisse über wissenschaftliche Einrichtungen verändern zu können. Ebensowenig kann irgendein populärwissenschaftliches Wissen Forschungswissen ersetzen, seine Verbreitung vermag also aus Laien keine Forscher zu machen.

Und dennoch kann Populärwissenschaft auch die Forschung selbst spürbar beeinflussen. Auf eine solche Rückwirkung hat wohl zuerst der polnische Mediziner und Wissenschaftstheoretiker Ludwik Fleck eingehender verwiesen. So beeinflusse die Populärwissenschaft „die spezifische öffentliche Meinung und die Weltanschauung und wirkt in dieser Gestalt auf den Fachmann zurück".[103] Eben dies bestätigte auch die Popularisierung und Verbreitung wissenschaftlicher Erkenntnisse durch die englische Wissenschaftler-Linken. Indem sie breitere Volkskreise auf die sozialen Konsequenzen von wissenschaftlichen Entwicklungen und deren praktischer Nutzung aufmerksam machten, verwiesen sie direkt oder indirekt auch auf die politische und moralische Verantwortung der Forschenden selbst. Auch dank ihrer populärwissenschaftlichen Arbeit konnten sie zu frühen Initiatoren und Repräsentanten von demokratischen Wissenschaftlerbewegungen werden, die in unserer heutigen Zeit eine so wichtige Rolle bei der Bewahrung des Friedens, unseres Planeten und der Menschheit selbst einnehmen. Darüber hinaus hat sie ihre populärwissenschaftliche Tätigkeit, wie sie selbst feststellten, auf manche Lücke im naturwissenschaftlichen Forschungsstand verwiesen und auch ihre Untersuchungen zur Geschichte und Entwicklung der Wissenschaft deutlich angeregt und gefördert.

Die öffentliche Wirkung des politischen, propagandistischen und gesellschaftstheoretischen Einsatzes der englischen Wissenschaftler-Linken war bereits in England der dreißiger Jahre deutlich bemerkbar. Der Mathematiker Levy urteilte 1939: Lange Zeit beachteten Wissenschaftler kaum, „daß die Wissenschaft soziale Implikationen besitzt und daß die Aspekte der Wissenschaft in diesem Kontext zu beachten sind. Die Mehrzahl machte sich nie die Mühe, den

Marxismus ebenso ernst zu behandeln wie das trivialste ihrer wissenschaftlichen Probleme ... Der Wandel der Anschauungen hierüber erreichte in den vergangenen zehn Jahren fast eine Revolution im Denken".[104]

Diesem frühen Urteil wurde später vielfach zugestimmt. Neal Wood, kein Freund der englischen Wissenschaftler-Linken, schrieb Ende der fünfziger Jahre: „... mit Ausnahme vielleicht der Sowjetunion gab es nirgendwo eine vergleichbare Bewegung unter Wissenschaftlern, keinesfalls eine, die so stark und einflußreich war". Die Vertreter der Social-Relations-of-Science-Movement „schienen die britische wissenschaftliche Welt zwischen 1932 und 1945 fast zu beherrschen".[105] In der Tat, nie zuvor war in einem kapitalistischen Land eine annähernd umfangreiche, politisch konsequente und umfassende Kritik an der kapitalistischen Vergesellschaftung von Wissenschaft vorgetragen worden. Die englische Wissenschaftler-Linke thematisierte bereits in den dreißiger Jahren viele der Gefahren, Probleme und Aufgaben, die mit der sich anbahnenden wissenschaftlich-technischen Revolution verbunden waren und die erst nach 1945 und mitunter sogar erst seit den sechziger Jahren international eine große Beachtung fanden: Die Gefahr einer Vernichtung der Menschheit durch Waffensysteme, die der wissenschaftliche Fortschritt ermöglicht hat; die Forderung nach einem weltweiten Umweltschutz, die Verantwortung des Wissenschaftlers für eine Nutzung seiner Ergebnisse im Volksinteresse; das Erfordernis, zu diesem Zweck im gesamtgesellschaftlichen Rahmen zu planen. In diesem Sinne suchten sie Wissenschaftler zu vereinen oder sie als aktive Mitgestalter demokratischer Volksbewegungen zu gewinnen.[106]

Vorschnell könnte man vermuten, daß angesichts eines solchen Umfangs an politischer, ideologischer und propagandistischer Arbeit wenigstens die aktiven Vertreter der englischen Wissenschaftler-Linken nicht länger als Forscher wirksam gewesen seien. Sie hätten sich – anstatt ihren naturwissenschaftlichen Forschungen nachzugehen – in Tagespolitik, Historiographie oder Philosophie verloren. Das trifft jedoch nicht zu. Einige der führenden Persönlichkeiten der Wissenschaftler-Linken wurden seit den dreißiger Jahren als Naturwissenschaftler hoch geehrt. Bernal, Blackett, Haldane und Needham erreichten die Würde von Mitgliedern der Royal Society. Der Physiker Blackett erhielt 1948 den Nobelpreis und wurde 1965 Präsident der Royal Society.

In der Sowjetunion wurde die geschilderte Entwicklung aufmerksam verfolgt. Bereits in der ersten Ausgabe der von N. Bucharin geleiteten Zeitschrift SORENA, die wenige Wochen nach dem Londoner Kongreß ihr Erscheinen begann, finden sich mehrere Hinweise auf dieses Ereignis. So führte die Zeitschrift unter ihren ständigen Mitarbeitern auch J. D. Bernal auf, der in London für das theoretische und politische Anliegen der sowjetischen Wissenschaftler viel Interesse gezeigt hatte. Vor allem jedoch bot sie ihren Lesern über dreizehn Druckseiten einen eingehenderen Bericht zum Kongreßverlauf, von dem bereits die Rede war. Dieser Bericht M. O. Rubinstejns enthielt auch den Hinweis, die Zusammenarbeit mit Wissenschaftlern aus den kapitalistischen Ländern zu verstärken.[107] Noch im Sommer 1931 besuchten zwei Gruppen englischer Wissenschaftler und Ärzte die Sowjetunion, unter ihnen J. D. Bernal, J. B. Haldane und J. Huxley.

Die Beachtung, die der Londoner Kongreß bald nach seinem Abschluß in England fand, hat sicher dazu beigetragen, daß nun auch in der Sowjetunion selbst die Beiträge der sowjetischen Teilnehmer veröffentlicht wurden. 1932 erschien der Vortrag von Bucharin,[108] ein Jahr später jener von Hessen.[109]

Dabei sollte sich die letztgenannte Edition bis in unsere Gegenwart als sehr wichtig erweisen. Mit der Eile, in der 1931 die englische Übersetzung der sowjetischen Beiträge erfolgen mußte, war verbunden, daß für eine subtilere redaktionelle Arbeit kaum Zeit geblieben war. Wahrscheinlich mußten auch Laien in die Übersetzungsarbeit einbezogen werden. Das beeinträchtigte die Qualität der englischen Fassung spürbar, insbesondere auch die des später am meisten rezipierten Textes von B. Hessen. Ein Beispiel: aus dem russischsprachigen Terminus „social'no-ekonomičeskije korni" (der Physik Newtons), der die mit einem bestimmten Stand der Produktivkräfte verbundene Klassenstruktur meint, wurde in der englischen Übersetzung der demgegenüber bedeutungsvagere und in sich wohl auch logisch widersprüchliche Ausdruck „social and economic roots". Letzterer erweckt ja den Schein, daß ökonomische keine sozialen Wurzeln seien.[110] Zudem fielen ganze Satzteile des Originaltextes von Hessen der Eile zum Opfer, ebenso elf seiner dreizehn, teilweise recht ausführlichen Anmerkungen und Ergänzungen. „Science at the Cross Roads" hat besonders nach 1945 in den USA und in Westeuropa ein beständiges und reges theoretisches wie pädagogisches Interesse gefunden; es wurde mehrmals als Ganzes oder auszugsweise neu aufgelegt und in verschiedene Sprachen übersetzt.[111] Doch alle diese Ausgaben, bis auf eine Ausnahme, beruhen auf der englischen Ausgabe von 1931. Das gilt auch für die 1974 in der BRD veröffentlichte deutsche Übersetzung von Hessens Londoner Beitrag. Hier wird der marxistische Terminus „Epoche" des russischen Originals mit „Zeit" wiedergegeben, der Terminus „Produktionsweise" gar mit „Produktionsmethode", aus „Thematik der Physik" wurde „Schema der Physik" aus „Warenfetischismus" „Fetischismus der Güterproduktion" usw. usw. Kurz, der besonders in den USA viel reflektierte Londoner Vortrag von Hessen liegt dort nur in einer recht mangelhaften und bisweilen sogar sinnentstellenden Wiedergabe des russischen Originaltextes vor.[112] Bislang hat man sich lediglich in Kuba der Mühe unterzogen, Hessens berühmte Abhandlung mit dem russischen Original zu vergleichen. So dürfte die 1985 in Havanna publizierte spanische Übersetzung jene sein, die derzeit dem russischen Original am nächsten kommt.[113]

III Die Weiterführung des Hessen-Modells

Unsere Ausführungen zeigten, daß das marxistische Konzept der praktisch-sozialen Determination von Wissenschaft, wie es die englischen Wissenschaftler-Linken 1931 auf dem Londoner Kongreß näher kennengelernt hatten, in ihrem weiteren gesellschaftstheoretischen und -politischen Wirken einen grundlegenden Platz einnahm. Dieses Konzept bot den Wissenschaftler-Linken eine im Wesen zutreffende Erklärung der sozialen und politischen Widersprüche, in die die wissenschaftliche Arbeit in ihrer Zeit eingeflochten war, sowie eine entsprechend realistische Orientierung ihrer politischen Aktionen. Da das damalige marxistische Konzept der praktisch-sozialen Determination von Wissenschaft am nachhaltigsten B. Hessen demonstriert hatte, wird es im folgenden abkürzend als „Hessen-Modell" bezeichnet.

Die Verbindung des Hessen-Modells mit einer politischen Bewegung sollte sich für sein weiteres Schicksal als sehr wichtig erweisen. Zum einen konnte es dadurch mit den Erfahrungen dieser Bewegung ständig konfrontiert und folglich auch einer selbstkritischen Bewertung unterworfen werden. Zum anderen mußte es durch seinen Konnex mit einer traditionell sozialistischen Bewegung nahezu zwangsläufig die Kritik von konservativen Kreise, von Verteidigern des status quo bürgerlicher Ordnung, auf sich ziehen. Diese kritische Sicht des Hessen-Modells vollzog sich auf zwei Ebenen: auf der der politischen und auf der theoretischen Auseinandersetzung. Die Grenzen zwischen beiden Ebenen waren dabei fließend.

Die politische Auseinandersetzung mit dem „Bernalismus" wurde in England Ende der dreißiger und in den vierziger Jahren vor allem durch den Physikochemiker Michael Polanyi und den Publizisten J. R. Baker geführt. Von letzterem stammt offenbar auch die Bezeichnung „Bernalismus" für die Konzepte, Ziele und politischen Aktionen der englischen Wissenschaftler-Linken.[114] 1940 gründeten Polanyi und Baker für den politischen Kampf gegen die englische Wissenschaftler-Linke die „Society for Freedom in Science". Diese Gesellschaft widersetzte sich insbesondere der These der Wissenschaftler-Linken, eine effektive Wissenschaft müsse nunmehr eine gesamtgesellschaftlich geplante Wissenschaft sein. Planung der Wissenschaft beende nach Meinung dieser „Society" die Freiheit der Wissenschaft, ersticke die schöpferische Initiative ihrer Gestalter, ignoriere die Grundlagenforschung, sei bestenfalls in Kriegszeiten ein hinzunehmendes Übel. Das wurde unter Bezugnahme auf wirkliche, befürchtete oder erdachte Tatbestände sozialistischer Wissenschaftspolitik, die mit ihrer geschichtlich ersten und frühesten Form in der Sowjetunion identifiziert wurde, zu erhärten versucht.[115]

Die Auseinandersetzung mit dem Problemgehalt solcher Vorwürfe wurde erheblich dadurch erschwert, daß sie in weit über sie hinausreichende antikommunistische Aktivitäten eingefügt waren, die im England der Vorkriegszeit, des II. Weltkrieges und erst recht nach dessen Ende weit verbreitet waren. Sie wurden häufig durch die jeweilige Regierung selbst initiiert, stets aber wohlwollend toleriert. Bereits 1931 war der Besuch des Londoner Kongresses durch sowjetische Wissenschaftler von Verleumdung und sogar Provokationen seitens der britischen Presse begleitet gewesen. Bucharin selbst war dem eine Woche nach dem Kongreß mit einem Beitrag in „New Statesman and Nation" entgegengetreten.[116]

So habe Bucharin angeblich eine geheime Konferenz in London ausgerechnet zu der Zeit abgehalten, als er mit anderen Kongreßbesuchern in Cambridge weilte, der Zeitung „Daily Mail" ein Interview gewährte, das tatsächlich nie stattfand, nichtdestoweniger aber veröffentlicht wurde usw. usw. Auch bei der Auswertung des Kongresses in Moskau wurde auf diese und andere antisowjetische Ausfälle kritisch verwiesen.[117] Während des II. Weltkriegs war der „Daily Worker", die Tageszeitung der KP Großbritanniens, vom Januar 1941 bis August 1942 verboten.[118] Die ersten Nachkriegsjahre wiederum waren geprägt von der Rede, die Winston Churchill am 5. März 1946 in Westminster College in Fulton (USA) gehalten und die die Wende zum „Kalten Krieg" zwischen den kapitalistischen Hauptländern und der Sowjetunion sowie deren Verbündeten eingeleitet hatte.[119]

Erschwerend für die Auseinandersetzung war jedoch auch, daß der Antikommunismus, wie ihn auch die „Society for Freedom in Science" unterstützte, keineswegs nur mit Erfindungen argumentierte. Es waren auch Ereignisse in der damaligen Sowjetunion selbst, die den Einfluß dieser Gesellschaft wie des Antikommunismus überhaupt begünstigten. Die Verbrechen J. W. Stalins, besonders Ende der dreißiger Jahre, die natürlich auch in England bekannt wurden, lösten selbst unter den englischen Wissenschaftler-Linken manche Skepsis aus. Das war schon deshalb der Fall, weil auch sowjetische Besucher des Londoner Kongresses von 1931 später Opfer der Repressalien der Stalin-Zeit wurden. Ende der dreißiger bzw. Anfang der vierziger Jahre kamen N. Bucharin, N. Vavilov und B. Hessen um. Angesichts der Autorität, die diese Persönlichkeiten innerhalb der englischen Wissenschaftler-Linken besaßen, kann man sich leicht vorstellen, was das „Verschwinden" etwa von Hessen für diese bedeutet haben muß.[120]

Hinzu trat in den vierziger Jahren mit demselben politischen Hintergrund die offizielle Lobpreisung der pseudowissenschaftlichen Lehre von Trofim D. Lyssenko in der Sowjetunion.[121] Durch sie sahen sich nicht nur Biologen innerhalb der „Social-Relation-of-Science-Movement" vor die Alternative gestellt, in Zukunft entweder als ernsthafter Wissenschaftler oder als Freund der Sowjetunion bzw. als aufrechter Kommunist zu gelten. J. B. S. Haldane etwa, auswärtiges Mitglied der Akademie der Wissenschaften der UdSSR und seit 1937 Mitglied der KP Großbritanniens, verteidigte auch nach dem „historischen Sieg"

Lyssenkos Anfang August 1948 die Genetik. Er verließ die Kommunistische Partei.[122] Auch J. Huxley distanzierte sich öffentlich von den „sowjetischen Attacken gegen die moderne Genetik". Er ordnete den Lyssenkoismus in die pseudowissenschaftlichen Irrlehren ein.[123] Dies wiederum schwächte den damaligen Kampf von Wissenschaftlern gegen die britische Atomrüstung und begünstigte gegenteilige Bestrebungen der Regierung.[124]

Hatte der Streit um die Planung der Wissenschaft darauf verwiesen, viel subtiler als Hessen dem innerwissenschaftlichen Geschehen nachzugehen, so zeigten Themen wie „Stalin" oder „Lyssenko" einen weiteren Mangel des Hessen-Modells an. Das politische System, das mit einer bestimmten Produktionsweise verbunden war, mußte in seinem Einfluß auf die Wissenschaftsentwicklung näher bedacht werden. Dabei durfte es nicht als zwangsläufig und unabänderlich gedeutet werden. Es galt nach dem politischen System des Sozialismus zu fragen, das historisch möglich war und das die dem Sozialismus eigene Potenz an Wissenschaftsentwicklung am besten realisieren konnte. Aber auch für den Kapitalismus der Zeit war zu überlegen, wie weit er an die von ihm aktuell vertretene Wissenschaftspolitik gebunden und in welcher Hinsicht diese reformierbar war.

Bereits die politischen Auseinandersetzungen also, die die englischen Wissenschaftler-Linken zu führen hatten, legten nahe, das Hessen-Modell der praktisch-sozialen Determination von Wissenschaft weiterzuführen. Seine Mängel waren für das Modell aber nicht spezifisch. Vielmehr handelte es sich um solche, die der damals im Marxismus-Leninismus verbreiteten Konzeption der Determination von Wissenschaft generell eigen waren. Diese Mängel konnten sich oft sogar auf eine längere Tradition berufen.

Letzteres gilt zunächst für die Annahme, sozialistische Eigentumsverhältnisse bewirkten nahezu von selbst eine „stürmische" Wissenschaftsentwicklung. Dieser Gedanke darf wenigstens für die Zeit bis 1917 beanspruchen, eine „heroische Illusion" von Revolutionären gewesen zu sein. Bereits bei August Bebel liest man in seinem 1879 zuerst und dann in Deutschland bis 1933 nahezu jährlich neu aufgelegten Werk „Die Frau und der Sozialismus": „Die Umwandlung der Arbeitsmittel in Gemeineigentum schafft der Gesellschaft die neue Grundlage. Jetzt werden die Lebens- und Arbeitsbedingungen ... (auch) im wissenschaftlichen, künstlerischen und geselligen Bereich von Grund aus andere ... (Das) gemeinsame Interesse veranlaßt alle, auf Verbesserung, auf Vereinfachung und Beschleunigung des Arbeitsprozesses zu sinnen. Der Ehrgeiz zu erforschen und zu entdecken wird im höchsten Grade angeregt, einer wird an Vorschläge und Ideen den anderen zu überbieten suchen".[125] Nur vereinzelt wurden vor 1917 in der marxistischen Literatur Stimmen laut, die darauf hinwiesen, daß solche Hoffnungen sich nur dann erfüllen können, wenn das Wissenschaftssubjekt über die dafür erforderlichen Fähigkeiten und Charaktereigenschaften verfügt. So wandte sich der Schweizer Universitätsprofessor A. Dodel, der der deutschen Sozialdemokratie nahestand, heftig gegen die Annahme Bebels, daß im Sozialismus Wissenschaft von „begeisterten Dilletanten" nebenbei betrieben werde. Je entwickelter eine Wissenschaft sei, meinte Dodel, um so weniger könne ihre weitere Gestaltung die Sache von Menschen sein, die sich ihr nicht mit ihrer ganzen Lebenskraft widmen. „Die Lebensarbeit eines Wissenschaftlers wird in der neuen Gesellschaft nicht leichter, nicht weniger Kraft in Anspruch nehmen als heute".[126]

Wachsen mußte das Interesse für den Zusammenhang zwischen objektiv möglicher Determination von Wissenschaft und subjektiver Realisierung derselben dann, als Wissenschaft in einer um Sozialismus bemühten Gesellschaft zu gestalten war, also nach 1917. In seiner „Theorie des Historischen Materialismus" (1921) ging N. Bucharin den subjektiven Voraussetzungen einer erfolgreichen Wissenschaft im Sozialismus wenigstens so weit nach, daß er bemerken konnte: „Wir wissen, daß die Wissenschaft ihre Technik, ihre eigene Organisation der wissenschaftlichen Arbeit, ihre Methodik hat ... Alle diese Bestandteile wirken natürlich aufeinander und auf den Zustand der betreffenden Wissenschaft zu gegebener Zeit."[127] Leider trugen solche Feststellungen nur spontanen Charakter. sie wurden nicht zu einem erkenntnis- oder wissenschaftstheoretischen Forschungsprogramm. Bucharin selbst erwähnte in London 1931 den genannten Zusammenhang nicht mehr, obwohl er für sein Thema „Theorie und Praxis vom Standpunkt des dialektischen Materialismus" sicher relevant war.

Indes war ein solcher Mangel keineswegs nur dem Vortrag Bucharins eigen, vielmehr spiegelte er sich generell in dem Determinationskonzept wider, das die sowjetischen Teilnehmer auf dem Londoner Kongreß 1931 vorgestellt hatten. Es beachtete den „inneren" Zustand von Wissenschaft kaum: die Beschaffenheit des überlieferten Wissens und die Qualität des erreichten Denkens; das Niveau der innerwissenschaftlichen Diskussion, etwa den Grad an Freimütigkeit, mit dem Gedanken vorgetragen und beraten werden können; die Güte der benutzen Methoden, Instrumente oder Organisationsformen usw. Praktische Bedürfnisse sind eben noch längst kein wissenschaftlich bearbeitbares Problem und erst recht nicht ein neues theoretisches Programm. Sie müssen erst durch Wissenschaftler in solche geformt werden, und wie rasch, konsequent oder gut sie das können, das eben ist wesentlich davon abhängig, wie der „innere Zustand" einer Wissenschaft beschaffen ist.

Die sowjetischen Teilnehmer des Londoner Kongresses hatten auf ökonomische, technische oder politische Umstände verwiesen, die potentiell geeignet waren, die wissenschaftliche Entwicklung herauszufordern oder zu stimulieren. Sie hatten aber nicht gezeigt, wie eine solche potentielle praktisch-soziale Determination zu einer realen wird, wie aus ihr wissenschaftliche Leistungen erwachsen. Auch B. Hessen hatte 1931 die Newtonsche Leistung nur so weit erklärt, wie sie von ökonomischen und technischen, politischen und weltanschaulichen Voraussetzungen ihrer Zeit abhängig war. Damit hatte er zwar die Menge möglicher Newtons historisch definiert, aber noch keineswegs den Newton erklärt.

Im Determinationskonzept von Wissenschaft, das die sowjetischen Teilnehmer in London vorgetragen hatten, fehlten jene Begriffe, welche die Umsetzung, die Transformation ökonomischer, technischer und anderer materiell-gesellschaftlicher Einflüsse in wissenschaftliche Arbeitsinstrumente betreffen. Das, was im Marxismus längst als „relative Unabhängigkeit der Wissenschaft gegenüber der Praxis" bezeichnet worden war, mußte deshalb unverständlich bleiben. Hessen führte 1931 zwar aus: „... vergebens würden wir bei Newton selbst nach einer Darstellung des Zusammenhangs suchen, der zwischen den Problemen, die er stellt und löst, und den technischen Aufgaben, aus denen sie sich ergeben, besteht."[128] Doch leider ging er nicht der Frage nach, warum durch die Eigenart des wissenschaftlichen Arbeitsprozesses selbst der Schein entstehen kann, er sei von der übrigen gesellschaftlichen Enwicklung unabhängig.

Der skizzierte Mangel konnte über Jahrzehnte innerhalb des Marxismus-Leninismus nicht behoben werden. J. W. Stalins Schrift „Über dialektischen und historischen Materialismus" war viel zu grob, um etwa die Rolle des Subjekts bei der Determination von Wissenschaft thematisieren zu können.

Die geringe Beachtung des politischen Systems wie des „inneren" Zustandes von Wissenschaft beeinträchtigte auch die Beurteilung der Möglichkeiten, die dem modernen Kapitalismus für die wissenschaftliche Entwicklung verblieben waren. Sie wurden zu gering geschätzt oder gänzlich verkannt. Auch dieser Mangel des in London von sowjetischen Wissenschaftlern vorgestellten Determinationskonzepts von Wissenschaft konnte sich auf eine längere Tradition im marxistischen Denken berufen.

Schon August Bebel erwartete kaum noch nennenswerte Leistungen von einer dem kapitalistischen Interesse dienenden Wissenschaft. Deren personelle Basis wäre zu schmal, da sie ja gegen die Volksmassen betrieben werde. Die genannte Wissenschaft sei zudem in das „Zeitalter des Reserveoffiziers" eingetreten, dessen „Eigentümlichkeit ist, viel Gesinnung, aber keinen Charakter und wenig Wissen zu haben. Man ist servil nach oben, hochmütig und brutal nach unten".[129] Eine solche Moral aber könne nicht der Boden für bedeutende wissenschaftliche Leistungen sein. Solche Wertungen blieben bis weit in unser Jahrhundert bestimmend. Clara Zetkin führte 1924 auf dem V. Weltkonreß der Kommunistischen Internationale aus: „Jetzt ... ist die Fortdauer der kapitalistischen Produktionsverhältnisse aus einer Förderung der Entwicklung von Technik, Wissenschaft, Kunst, der gesamten bürgerlichen Kultur, zu einer Fessel und schwersten Schädigung geworden".[130] Und selbst der bürgerliche Kultur meist differenziert beurteilende Anatolij Lunačarskij kam 1932 zu dem Urteil: „Die Bourgeoisie hat die höchste Machtstufe erreicht und ist nicht mehr an Produktionssteigerungen, technischen Erfindungen und dergleichen interessiert".[131] Monopolisiert hat eine solche Sicht der Wissenschaft im Kapitalismus jedoch erst J. W. Stalin. Er sprach noch in seiner letzten theoretischen Arbeit von einem „Dahinvegetieren" der Produktivkräfte und damit auch der Wissenschaft in den kapitalistischen Ländern.[132] Die sowjetischen Teilnehmer des Londoner Kongresses teilten solche Illusionen. Sie erkannten zwar eine noch bestehende Rückständigkeit der sowjetischen Wissenschaft gegenüber der in den kapitalistischen Hauptländern an, glaubten sie aber in wenigen Jahren, in etwa einem Jahrzehnt, überwinden zu können. Eine solche Hoffnung setzte voraus, daß inzwischen die Wissenschaft im Kapitalismus stagniert.

Eine Ursache für solche Fehlurteile bestand darin, daß die kapitalistische wie die sozialistische Gesellschaftsformation tendenziell als autarke Größe betrachtet wurden, und nicht als solche, die in derselben Welt existieren und während der Zeit ihres Zusammenlebens mit- und gegeneinander wirken, sich dabei selbst „epochegemäß" modifizieren. So löste für den Kapitalismus seine Koexistenz mit dem Sozialismus nicht nur eine allgemeine Krise aus, sondern zugleich auch das existentielle Streben, sich dieser historischen Herausforderung gewachsen zu zeigen, sich aktiv auf sie einzustellen. Welchen Weg dabei der Imperialismus auch immer bevorzugen mag, den militärischen oder den friedlichen, seine geschichtliche Herausforderung muß ihn – wie seine Herausforderer – im Zeitalter der wissenschaftlich-technischen Revolution das äußerst Mögliche an wissenschaftlichem Fortschritt anstreben lassen. Nicht nur die kapitalistische oder die sozialistische Gesellschaftsformation gehen seit 1917 in das jeweilige Determinationsgefüge von Wissenschaft ein, sondern ebenso die Koexistenz beider während der jetzigen Epoche der Menschheitsgeschichte. Dabei werden die aus dieser Koexistenz entspringenden Einflüsse auf das wissenschaftliche Denken natürlich entsprechend der jeweiligen Gesellschaftsform wirksam.

Auch in London waren die Widersprüche der Epoche, soweit sie jenseits des Glaubens an einen ungehemmten geschichtlichen Vormarsch des Sozialismus und an einen nicht weniger gradlinigen Niedergang des Kapitalismus lagen, unbeachtet geblieben. Es blieb seitens der sowjetischen Teilnehmer die Frage unbeantwortet, wie sich die Koexistenz von Kapitalismus und Sozialismus auf jede der beiden sozialen Ordnungen und damit auch auf die Wissenschaftsentwicklung innerhalb derselben auswirkt.

Schließlich bestand ein theoretischer Mangel des in London vorgetragenen marxistischen Determinationskonzept von Wissenschaft darin, daß es den Einfluß der Erkenntnisgegenstände auf wissenschaftliches Erkennen konzeptionell nicht sonderlich beachtete. Der Hinweis auf Produktivkräfte und Produktionsverhältnisse kann für die Erkenntnisentwicklung ja nur verdeutlichen, daß diese durch den Hinweis allein auf Erkenntnisinhalte aber auch nicht allein aus den praktisch-sozialen Umständen ihrer Produktion verständlich werden. Das ist selbst dann nicht möglich, wenn man, wie Hessen, ideologische und politische Ideen dabei mitbeachtet. Die ungenügende konzeptionelle Berücksichtigung der gegenständlichen Determination von Wissenschaft begünstigte Fehlinterpretationen der in London vorgestellten sowjetischen Position, so der in ihrem Zusammenhang benutzten Ausdrücke „bürgerliche Naturwissenschaft" (B. Zavadovskij, E. Kol'man) oder „bürgerliche Mathematik" (E. Kol'man). Damit konnten ja weniger Inhalte als vielmehr der soziale Zweck ihrer Erlangung und Nutzung bzw. die unter Wissenschaftlern vorherrschende ideologische Haltung gemeint sein. Hier wirkte in London 1931 ein Einfluß nach, der in der sowjetischen Philosophie von Aleksandr Bogdanov und A. Lunačarskij ausgegangen und dem auch N. Bucharin unterlegen war: die Geringschätzung der Rolle nämlich, den die vorgefundene Beschaffenheit des Erkenntnisobjekts auf die Erkenntnis- oder Wissenschaftsentwicklung ausübt.[133]

Das in London vorgestellte marxistische Determinationskonzept befand sich also objektiv in einer Problemsituation. Es mußte ergänzt und modifiziert werden, um der wissenschaftsgeschichtlichen Realität stärker gerecht werden zu können. Das wurde von den englischen Wissenschaftler-Linken auch erfolgreich begonnen. Vor allem J. D. Bernals Werk „The Social Function of Science" (1939) thematisierte „interne" Wissenschaft in einem Umfang, wie das bis dahin niemals geschehen war. Von den sechzehn Kapiteln seines Buches widmete Bernal acht ausschließlich oder vorwiegend „wissenschaftsinternen" Vorgängen. Das sind die Kapitel „Die derzeitige Organisation der naturwissenschaftlichen und medizinischen Forschung", „Naturwissenschaft und Medizin im Bildungswesen", „Die Effektivität der wissenschaftlichen Forschung", „Die Ausbildung des Wissenschaftlers", „Die Reorganisation der Forschung", „Die wissenschaftliche Kommunikation", „Die Finanzierung der Wissenschaft", „Die Strategie des wissenschaftlichen Fortschritts".

Wurde so deutlicher, daß die Realisierung jeder praktisch-sozialen Determination von Wissenschaft auch von deren eigener Beschaffenheit abhängt, so unternahm es Jahrzehnte später ein früher Mitstreiter Bernals, einen weiteren Mangel des Hessen-Modells zu beheben. Die Rede ist von Joseph Needham, der die Rolle politischer Strukturen bei der praktisch-sozialen Determination von Wissenschaft näher untersuchte. Needham arbeitete seit dem II. Weltkrieg vorwiegend als Historiker und zwar zur chinesischen Wissenschafts- und Kulturgeschichte. Er wurde seitdem auf diesem Gebiet international nicht weniger bekannt als auf seinem ursprünglichen, dem der Biochemie.

Eine der Aufgaben, die Needham in seinem späteren Arbeitsgebiet zu lösen suchte, beschrieb er 1972 wie folgt: „Eine der faszinierendsten Problemstellungen in der vergleichenden Wissenschaftsgeschichte betrifft das Unvermögen der beiden großen asiatischen Zivilisationen, China und Indien, eigenständig moderne Wissenschaft und Technologie zu entwickeln". Denn: „Im Verhältnis zu Asien spielte Europa bis zum 14. Jahrhundert n. Chr. fast ausschließlich die Rolle des Empfangenden, nicht die des Gebers, das gilt besonders für das Gebiet der Technologie. Was kann man über das soziale Milieu sagen, das diese Errungenschaften und dieses Unvermögen hervorbrachte?"[134]

Die soziale Basis für das einstige kognitive Vermögen und spätere kognitive Unvermögen asiatischer Zivilisationen fand Needham im „asiatischen Bürokratismus" bzw. im „bürokratischen Feudalismus". Ein einziger Feudalherr, der Kaiser, regierte bis 1912 China, „gestützt auf eine gigantische Bürokratie".[135] Mit K. A. Wittfogel sieht Needham den ökonomischen Zweck dieses Bürokratismus darin, daß einzig eine Zentralgewalt das riesige Bewässerungssystem unterhalten konnte, welches für Chinas Landwirtschaft unerläßlich war. Die damit das ganze Land überziehende Staatsbürokratie ließ aber andererseits jene soziale Schicht nicht zum Blühen kommen, die bereits Hessen als wichtigste soziale Voraussetzung für die Entstehung der Newton-Physik erkannt hatte: den Kaufmannsstand und mit ihm die Handelsbourgeoisie. „Wenn dies richtig ist, dann müssen wir in der Verhinderung des Aufsteigens der Kaufleute den Grund für das Nichtentstehen moderner Wissenschaft und Technologie in der chinesischen Kultur sehen ..."[136] Dieselbe Bürokratie war jedoch „im Hinblick auf technische Kreativität ... sehr viel erfolgreicher als der europäische Feudalismus oder die Sklavenhaltergesellschaft der Helenen gewesen."[137] Diese Ambivalenz macht Needham wie folgt verständlich: „Es ist sehr wohl möglich, daß ebenso wie der bürokratische Apparat das Nichtentstehen moderner Wissenschaft erklären kann, das Fehlen eines ausgedehnten Systems der Leibeigenschaft die Erklärung der großen Erfolge der chinesischen Kultur in der Entwicklung reiner und angewandter Wissenschaft in früheren Jahrhunderten darstellt".[138]

Für Bernals oder Needhams Weiterführung des Hessen-Modells war charakteristisch, daß sie es zwar ergänzten, modifizierten und insofern auch vertieften, dabei jedoch dessen erkenntnistheoretischen Grundlagen nicht explizit einbezogen. Letzteres blieb einer theoretischen Debatte vorbehalten, die, abgehoben vom politischen Tageskampf, wenn auch im engen Zusammenhang mit diesem, gleichfalls in den dreißiger Jahren einsetzte. Sie wurde von Gelehrten begonnen, denen letzten Endes nicht, wie etwa Bernal und Needham, an einer Weiterführung des Hessen-Modells, sondern vielmehr an dessen Überwindung gelegen war. Ihre Kritik war objektiv vor allem dagegen gerichtet, die jeweilige Produktionsweise als eine entscheidende Größe für die Entwicklung und die Art der Nutzung von Wissenschaft zu akzeptieren. In diesem Sinne hatte schon bald nach dem Erscheinen von „Science at the Cross Roads" der amerikanische Wissenschaftshistoriker George Sarton gefragt: „... wieviele wissenschaftliche Großtaten können Sowjetrußland zugeschrieben werden? Es gibt große Wissenschaftler in Rußland, etwa Ivan Pavlovich Pavlov, der in der ganzen Welt geehrt wird, aber es sind weniger als in einem einzigen kleinen Land wie den Niederlanden".[139]

Andererseits konnte eine theoretische Auseinandersetzung mit dem Hessen-Modell nicht übersehen lassen, daß es auf Zusammenhänge in der Wissenschaftsgeschichte aufmerksam gemacht hatte, die nicht länger ignoriert werden konnten und die gerade in der angloamerikanischen Literatur bislang beachtet worden waren. Im Unterschied zu Deutschland stand ja eine der Wissenssoziologie entsprechende Rezeption des Marxismus außerhalb desselben damals in England und in den USA noch aus. Bestimmte, zuerst innerhalb des Marxismus vorgetragene Ideen waren also anzuerkennen, wollte man nicht nur elementare Regeln jeder Wissenschaftsethik genügen, sondern auch eine akzeptable Gegenposition zum Hessen-Modell kreieren. Indem dies aber geschah, mußte das zu einem veränderten Typus auch der nicht-marxistischen Wissenschaftsforschung führen. Namentlich das Konzept der „reinen Wissenschaft war in der tradierten Weise nicht länger vertretbar. Es mußte modifiziert werden und dem Marxismus mindestens insofern Rechnung tragen, als zwischen dem materiellen und dem geistigen Lebensprozeß der Gesellschaft Dependenzen anerkannt wurden. Nicht nur die Anhänger des Hessen-Modells, auch seine Gegner waren deshalb zu einer Weiterführung ihrer Position genötigt. Letzteres soll nun exemplarisch an einer einflußreichen Studie des US-Amerikaners R. K. Merton skizziert werden.

Robert K. Merton hatte 1933 als Schüler von George Sarton eine Dissertationsschrift begonnen, die als Studie 1938 unter dem Titel „Science and Technology in Seventeeth Century England" veröffentlicht wurde.[140] Der junge Merton hatte sich also einem Thema zugewandt, das mit dem von Hessen 1931 in London vorgestellten weitgehend übereinstimmte. Das war angesichts der Beachtung, die Hessens Londoner Beitrag inzwischen gefunden hatte, sicher kein Zufall.

In seiner Studie ließ Merton keinen Zweifel darüber, daß bei der Beschreibung von Wissenschaftsgeschichte deren Zusammenhang mit ökonomischen, technischen oder militärischen Prozesse genau zu beachten sei. Das belegte er für das England des 17. Jahrhunderts durch zahlreiche von ihm neu erschlossene oder neu genutzte Quellen. Von den elf Kapiteln seiner Schrift sind vier direkt dem Einfluß des praktischen Lebensprozesses auf die englische Wissenschaft im 17. Jahrhundert gewidmet. Es handelt sich um die Kapitel sieben bis zehn, die folgende Überschriften tragen: „Wissenschaft, Technik und ökonomische Entwicklung", „Wissenschaft, Technik und ökonomische Entwicklung: der Transport", „Wissenschaft und Militärtechnik", „Äußere Einflüsse auf die wissenschaftliche Forschung". Merton kam zu dem Ergebnis, daß „sozialökonomische Bedürfnisse" im England des 17. Jahrhunderts wesentlich die Wahl der Forschungsgegenstände bestimmt hatten.[141]

Für diesen Teil seiner Studie berief sich Merton mehrmals und zustimmend auf Hessens Londoner Beitrag: „Bei der Diskussion der technischen und wissenschaftlichen Probleme, die mit einer bestimmten ökonomischen Entwicklung entstanden, schließe ich mich eng an die technische Analyse von Professor B. Hessen in seinem provokativen Essay ‚The Social and Economic Roots of Newton's ‚Principia'" an ...".[142] „Professor Hessens Vorgehensweise bietet dann, wenn sie sorgfältig geprüft wird, eine sehr nützliche Basis, um die Beziehungen zwischen ökonomischer und wissenschaftlicher Entwicklung empirisch feststellen zu können".[143]

Zugleich verwies Merton für die englische Wissenschaftsentwicklung im 17. Jahrhundert auf Umstände, die von Hessen nicht oder weit geringer beachtet worden waren. So untersuchte Merton in den Kapiteln 4 bis 6 seiner Arbeit den Einfluß des Puritanismus auf die Entwicklung der englischen Wissenschaft im 17. Jahrhundert. Seine positive Bewertung dieses Einflusses erhellen bereits die Überschriften der betreffenden Kapitel: „Puritanismus und kulturelle Werte", „Motivkräfte der Neuen Wissenschaft", „Puritanismus, Pietismus und Wissenschaft. Prüfung einer Hypothese". Merton kam hier zu dem Ergebnis, daß besonders die puritanische Arbeitsethik auch die englische Wissenschaft im untersuchten Zeitraum spürbar gefördert habe.

Doch diesen religiös motivierten Einfluß ordnete Merton nicht in die Totalität der englischen Gesellschaft des 17. Jahrhunderts ein, vielmehr hielt er diesen für eine „unabhängige Quelle", eine „unabhängige Variable".[144] Damit stellte er sich dem marxistischen Anliegen Hessens, die englische Gesellschaft des 17. Jahrhunderts als eine Einheit zu erfassen, welche auf der sich herausbildenden kapitalistischen Produktionsweise fußte, deutlich entgegen. Ebenso ließ Merton zwischen der Determination der praxisbezogenen Forschung und jener der sogenannten „reinen" Wissenschaft keine Gemeinsamkeit zu. Die „reine" Wissenschaft habe auch im 17. Jahrhundert keine „bemerkbare Beziehung zu praktischen Bedürfnissen" besessen.[145] An Hand von Sitzungsberichten der Royal Society aus der zweiten Hälfte des 17. Jahrhunderts errechnete Merton, daß 41,3 Prozent der damals beratenen Gegenstände solche der (in diesem Sinne verstandenen) „reinen" Wissenschaft gewesen seien.[146]

Mertons Deutung der Dertermination von „reiner" Wissenschaft stützte sich u. a. auf die These von G. N. Clark,[147] daß auch im 17. Jahrhundert die Wahrheitssuche die wichtigste Determination der wissenschaftlichen Forschung gewesen sei: „Mit dieser Revision (Hessens durch Clark = d. Verf.) bin ich substantiell einverstanden ...", bemerkte Merton.[148] Wie Clark prüfte auch Merton nicht, ob die „Suche nach Wahrheit" nicht selbst praktisch determiniert sein könnte. Die Frage, warum Menschen ausgerechnet nach wahren Bahauptung streben (und nicht etwa nach falschen), beschäftigte Merton nicht.

An die Stelle der dem historischen Materialismus verpflichteten Untersuchung Hessens trat also letzten Endes eine Aufzählung einzelner Determinationsfaktoren. Namentlich die „reine" Wissenschaft wurde gedanklich vom praktischen Lebensprozeß isoliert. Das alles bedeutete einen Rückschritt nicht nur gegenüber Hessen, sondern auch im Hinblick auf Bemühungen der klassischen bürgerlichen Philosophie, Gesellschaft und Geschichte als Ganzheiten zu begreifen.

Merton hatte demonstriert, wie das Hessen-Modell auch außerhalb des Marxismus rezipiert werden konnte, ohne dabei die bürgerliche Gesellschaft in Frage stellen zu müssen. Darüber hinaus hatte er nachdrücklich auf die „interne" Wissenschaft als einen Gegenstand verwiesen, der für das Wissenschaftsverständnis vielseitiger als gewohnt zu beachten war. Mit alledem wurde Merton beispielgebend für das Determinationsverständnis von Wissenschaft außerhalb des Marxismus. Doch unterschieden sich spätere Determinationskonzepte dieser sozialen Dimension auch wesentlich von dem Mertons. Dessen punktuelle, an einem ausgewählten wissenschaftshistorischen Abschnitt orientierte Auseinandersetzung mit dem Marxismus wurde bald durch weit allgemeinere Konzepte verdrängt. Mit anderen Worten: an Stelle von besonders ideologie-relevanten Spezialuntersuchungen zur Wissenschaftsgeschichte dominierten mit der Zeit an der Wissenschaftsgeschichte orientierte wissenschafts- und erkenntnistheoretische Konzepte. Zur wohl einflußreichsten Untersuchung dieser Art wurde Thomas S. Kuhns „The Structure of Scientific Revolutions" aus dem Jahre 1962.

Kuhn behauptete ja Zusammenhänge, die nicht für bestimmte Abschnitte der Wissenschaftsgeschichte zutreffen, sondern zumindest für beliebige naturwissenschaftliche Entwicklungsvorgänge. Doch folgte Kuhn auch Jahrzehnte später dem von Merten beschrittenen Weg insofern, als auch er in der „internen" Wissenschaft das entscheidende Argument dagegen suchte, daß der praktische Lebensprozeß primär die Wissenschaft bestimme. Seine Gesamtaussage blieb also, wie schon bei Merton, objektiv gegen den Marxismus gerichtet. Gewahrt blieb bei Kuhn aber auch die Beachtung und Rezeption von Gedanken, die ursprünglich innerhalb des Marxismus erarbeitet worden waren. An den wissenschaftlichen Revolutionen interessierte Kuhn ja besonders, wie sie von Wissenschaftler*gemeinschaften* vollzogen weden. Auch wurde nun die „interne" Wissenschaft nicht länger als etwas verstanden, das eine bloße Ideengeschichte darstellt. „Interne" Wissenschaft ist vielmehr nun jene Gesamtheit von Tätigkeiten, die Wissenschaftler zur Produktion und Reproduktion von Erkenntnissen ausüben. In dieser Gestalt hat dann das nichtmarxistische Verständnis von Wissenschaftsdetermination Probleme formulieren und Lösungen dafür anbieten können, die auch für den Marxismus neu waren. Grundbegriffe der Kuhnschen Theorie wie „revolutionäre Wissenschaft", „Normalwissenschaft", „Paradigma", „Wissenschaftlergemeinschaft" haben auch dem Marxismus theoretische Impulse erteilen können. Das hat Marxisten allerdings auch darauf aufmerksam gemacht, daß sie ihre international einst führende Position im philosophischen und überhaupt theoretischen Verständnis von Wissenschaft nur dann wahren können, wenn sie selbst an der qualitativen Weiterführung ihrer Position arbeiten.

Wir haben in eine folgenreiche Debatte über die Determination von Wissenschaft eingeführt. Der Londoner Kongreß hat die spätere internationale Diskussion zu diesem Gegenstand deutlich mitgeprägt, ja erst ausgelöst. Dabei wurden der Londoner Kongreß von 1931 und die von ihm ausgehenden theoretischen Überlegungen und Konzepte selbst zu einem Zeugnis für die Erkenntnisentwicklung in unsererEpoche. Er macht zumindest dies offensichtlich: selbst bei einem so stark weltanschaulich und ideologisch relevanten Gegenstand, wie ihn die Determination von Wissenschaftsentwicklung darstellt, wird heute der Verlauf seiner Untersuchung, werden die sie bewegenden Fragen und Lösungsversuche epochal verursacht und keineswegs nur durch die eine oder die andere der beiden dominierenden Gesellschaftsformationen. Der Marxismus hat in diese Untersuchung Wesentliches und Bleibendes eingebracht, aber er ist längst nicht vollkommen genug, um auf Überlegungen und Anregungen verzichten zu können, die hierzu von einer anderen sozialen und weltanschaulichen Basis vorgetragen werden. Es wäre ja auch eigentümlich, wenn eine Klasse oder soziale Ordnung, die heute nur einen Teil der Welterfahrung einbringen kann, von dem ihr nicht zugänglichen Bereich theoretisch unberührt bleiben sollte. Es scheint uns in diesem Zusammenhang geradezu symbolisch, daß Thomas S. Kuhn, dessen Wissenschaftsverständnis ja aus einem Denken hervorging, das sich kritischer Auseinandersetzung mit dem Marxismus des Londoner Kongresses konstituierte, Ende 1983 durch die „Society for Social Studies of Science“ mit dem „John Desmond Bernal Preis“ geehrt wurde. In seiner Rede anläßlich dieser Preisverleihung hob Kuhn hervor, wie intensiv die Beiträge der sowjetischen Teilnehmer des Londoner Kongresses von 1931 und insbesondere jener von Hessen seit dem II. Weltkrieg an der Harvard-Universität beachtet wurden. Kuhn erklärt das mit folgender Tatsache: „Der erste große Einbruch in das Konzept einer autonomen Wissenschaft erfolgte in den frühen 1930er Jahren, primär durch den Einfluß marxistischer Studien“.[149]

ANMERKUNGEN

1 Die Datierung des Londoner Kongresses differiert selbst unter seinen Besuchern. Auf dem Titelblatt der ersten Auflage von „Science at the Cross Roads" wird vermerkt, der Kongreß habe vom 29. Juni bis zum 3. Juli 1931 gedauert. (Vgl. Science at the Cross Roads. Papers presented to the International Congress of the History of Science and Technology held in London from June 29th to July 3rd 1931 by the delegates of the U.S.S.R., London o. J. [1931]) Wenige Wochen nach seinem Abschluß führte hingegen ein sowjetischer Teilnehmer, M. O. Rubinštejn, aus, der Kongreß habe vom 27. Juni bis zum 3. Juli 1931 stattgefunden. (Vgl. M. O. Rubinštejn, II Mezdunarodny kongress po istori i techniki, in: SORENA, vyp. 1/1931, S. 196) In der unter Mitwirkung von J. Needham, einem britischen Kongreßbesucher, entstandenen zweiten Auflage von „Science at the Cross Roads" datiert P. G. Werskey den Kongreß vom 29. Juni bis zum 4. Juli 1931 (Vgl. P. G. Werskey, Indroduction. On the reception of Science at the Cross Roads in England, in: N. Bukharin et al., Science at the Cross roads, 2. ed., London 1971, S. XI) Die zuletzt erwähnte Datierung ist die u. E. zutreffende. Der 29. Juni 1931 war ein Montag, der 4. Juli 1931 ein Samstag. Ursprünglich sollte der Kongreß am 3. Juli beendet werden. Auf Bitten der sowjetischen Delegation wurde er jedoch um eine Vormittagssitzung von drei Stunden, die am Samstag, also am 4. Juli 1931, stattfand, verlängert. Die von Rubinštejn genannte Datierung ist ein Flüchtigkeitsfehler, da er die Verlängerung des Kongresses um einen Tag selbst eingehend erwähnt. Seine Angabe, der Kongreß habe bereits am 27. Juni 1931 begonnen, beruht vielleicht auf einer Verwechselung mit dem Tag der Ankunft der sowjetischen Delegation in London. Diese Annahme legt auch ein weiterer Bericht zum Londoner Kongreß nahe, der damals in einer sowjetischen Zeitschrift erschien. Sein Verfasser war der Biologe B. Zavadovskij. Er schreibt, daß die sowjetische Delegation „7–8 Tage" vor ihrem geschlossenen Auftritt (4. 7. 1931) in London eingetroffen sei. Das würde bedeuten, daß sie am Samstag, dem 27. Juni 1931 in London angekommen ist. (Vgl. B. Zavadovskij: 2–j Meždunarodny s'ezd v London, in: Front nauki i techniki, Nr. 9/1931, S. 88).

2 Vgl. H. Sheehan, Marxism and the Philosophy of Science, London 1985, S. 206, 306.

3 Vgl. hierzu P. G. Werskey, Introduction, a. a. O., S. XV. Werskey kann belegen, daß vor Beginn des Kongresses von den sowjetischen Teilnehmern einzig B. M. Zavadovskij einen Beitrag angemeldet hatte. Vgl. auch J. G. Crowther, Fifty Years with Science, London 1970, S. 77.

4 Noch am 26. Juni 1931 abends hielt N. Bucharin auf einer Sitzung der Akademie der Wissenschaften der UdSSR einen Vortrag zu dem Thema „Der Kampf zweier Welten und die Aufgaben der Wissenschaft". Vgl. hierzu den Bericht über diese Akademie-

sitzung: Črezyvyčajnaja Moskovskaja sessija vsesojuznoi akademii nauk, in: SORENA, vyp. 1/1931, S. 219–222.

5 Vgl. J. G. Crowther, a. a. O.

6 Zu den nachfolgenden Angaben über die Zusammensetzung der sowjetischen Delegation vgl. N. Bukharin et al., Science at the Cross Roads, a. a. O., S. 7f. sowie M. O. Rubinštejn, a. a. O., S. 196–208.

7 Vgl. hierzu P. P. Amelin, Intelligenz und Sozialismus, Berlin 1974. S. 192ff. Die sowjetische Intelligenz, Kurzer Abriß der Geschichte 1917–1980, Moskau 1982, S. 94ff.

8 Symptomatisch hierfür ist, daß sich von den sowjetischen Teilnehmern am Londoner Kongreß nur einer, nämlich E. Kol'man, auf J. W. Stalin ausdrücklich berief. Vgl. E. Colman: Dynamic and Statistical Regularity in Physic and Biology, in: N. Bukharins et al., Science at the Cross Roads, a. a. O., S. 93.

9 Vgl. hierzu H. Steiner, John Desmond Bernal (1901–1971), in: J. D. Bernal, Die soziale Funktion der Wissenschaft, hrsg. von H. Steiner, Berlin 1986, S. XXXf. Anderen Angaben zufolge soll die „Anti-Kriegsgruppe der Wissenschaftler" erst 1935 in Cambridge gegründet worden sein. Vgl. S. Bünger und H. Kaeselitz, Geschichte Großbritanniens von 1918 bis zur Gegenwart, Berlin 1989, S. 111.

10 Vgl. M. O. Rubinštejn, a. a. O., S. 196. Dagegen gibt B. Zavadovskij an, daß den Kongreß lediglich 120 „offizielle Teilnehmer" besucht hätten. Vgl. B. Zavadovskij, a. a. O., S. 95.

11 Das Programm des Kongresses verteilte sich wie folgt auf die einzelnen Tage: Am Montag (19. 6. 1931) wurde der Kongreß eröffnet. Seine Teilnehmer wurden u. a. durch L. Smith, einen Minister der damaligen Labour-Regierung, begrüßt. Ch. Singer, ein englischer Wissenschaftshistoriker, hielt dann die Eröffnungsrede des Kongresses. Er sprach darüber, welchen Platz die Wissenschaftshistoriographie in der allgemeinbildenden Schule und in der Universitäts-Ausbildung einnehmen sollte. (Vgl. hierzu M. O. Rubinštejn, a. a. O., S. 197.) Am Dienstag (30. 6. 1931) wurde das erste Kongreßthema „Die (Historiographie der Wissenschaft als integraler Bestandteil der allgemeinen historischen Untersuchung" beraten. Zu diesem Thema sprachen einleitend G. Loria (Genua) und G. N. Clark (Oxford); Sir Dampier-Whetham (Cambridge), A. V. Hill (London), A. M. Masharrafa (Kairo), E. Kol'man, M. Rubinštejn, N. Bucharin, B. Zavadovski (alle Moskau), A. Joffe (Leningrad) sowie Th. Greenwood (London) trugen an diesem Tag Diskussionsbeiträge oder Bemerkungen vor. (Vgl. hierzu: The sciences as an integral part of general historical study. Papers and notes presented June 30, 1931, at the Second International Congress of the history of science of London, first session, in: Archeion 14 (1932), S. 271–288; vgl. ferner Isis 20 (1933), S. 590.) Am Mittwoch (1. Juli 1931) besuchten die Kongreßteilnehmer Cambridge, wo sie u. a. wissenschaftliche Laboratorien besichtigten (vgl. M. O. Rubinštejn, a. a. O., S. 204). Am Donnerstag (2. Juli 1931) und am Freitag (3. Juli 1931) wurden dann das zweite und dritte Thema des Kongresses diskutiert. Der Kongreß umfaßte ferner mehrere Empfänge. Auch die sowjetische Delegation lud zu einem solchen Empfang ein, an dem „etwa 250 Professoren, Parlamentsmitglieder usw. teilnahmen. Im Laufe von vier Stunden konnten die sowjetischen Delegierten unendlich viele Antworten auf Fragen nach der Wissenschaft in der Sowjetunion, über die wirtschaftliche Lage der UdSSR usw. mitteilen". M. O. Rubinštejn, ebenda; vgl. ferner B. Zavadovskij, a. a. O., S. 85.

12 Vgl. hierzu M. O. Rubinštejn, a. a. O., S. 196–201. „... wir forderten, daß ein spezieller Tag festgesetzt wird, um unsere (vorbereiteten) Referate hören zu können. Eine bestimmte Antwort wurde uns nicht erteilt. Weil nicht gewiß war, daß es gelingt, die (vorbereiteten) Vorträge halten zu können, wurden von den sowjetischen Delegierten zu jedem Punkt der Tagesordnung Auftritte vorbereitet". Ebenda, S. 201.

13 Vgl. M. O. Rubinštejn, a. a. O., S. 201.

14 Vgl. ebenda sowie J. G. Crowther, Fifty Years with Science, a. a. O., S. 77f. In seinem Bericht über die Konferenz kritisiert Zavadovskij (wie auch Rubinštejn), daß der sowjetischen Delegation viel zu wenig Zeit für ihre Vorträge zugebilligt wurde. Keiner der sowjetischen Wissenschaftler habe länger als 15 Minuten sprechen dürfen. Zudem habe die Kongreßleitung zeitgleich mit den sowjetischen Vorträgen eine Exkursion nach Oxford festgelegt. Schließlich habe sie den Besuch der sowjetischen Veranstaltung an den Besitz von Eintrittskarten gebunden, was erstmalig während des Kongresses erfolgt sei. „Studentenschaft" und „Arbeiter" seien auf diese Weise am Besuch der sowjetischen Veranstaltung gehindert worden. Der Präsident des Kongresses, Professor Charles Singer, der die Sitzung am 4. Juli 1931 persönlich leitete, habe weiter angeordnet, daß sie nicht, wie ansonsten üblich, bis 13 Uhr dauern dürfte, sondern nur bis 12 Uhr. Schließlich habe Singer M. O. Rubinštejn untersagt, seinen Vortrag zu halten, da sein Inhalt angeblich nicht dem Anliegen des Kongresses entspräche. Dennoch habe eine „genügend große Zahl" von Kongreßteilnehmern die sowjetischen Vorträge besucht und sich nicht „von dem angenehmen Ausflug nach Oxford verlocken lassen". „... man stellte uns viele Fragen und bat uns, weitere Treffen zu organisieren, ... die es uns gestatten, unsere Vorträge vollständig und detailliert zu verteidigen". Am 4. Juli sei das nicht möglich gewesen. Lediglich ein alter Mathematiker habe Kolmans These widersprochen, daß es eine Krise der Mathematik gäbe. Hingegen habe ein junger Mathematik-Student nachdrücklich Kolmans Behauptung unterstützt. Vgl. B. Zavadovskij, a. a. O., S. 87f.

15 Vgl. N. Bucharin, Ökonomik der Transformationsperiode, Hamburg 1970, S. 67f., 161ff.

16 Ko vsem proletarijam mira, k čestnym učenym vsech stran, k geroičeskim stroiteljam Sovetskogo Sojuza, in: SORENA, vyp. 1/1931, S. 240.

17 Ot redakcii, in: SORENA, vyp. 1/1931, S. 4f.

18 Vgl. ebenda.

19 Vgl. N. Bukharin, Theory and Practice from the Standpoint of Dialectical Materialism, in: N. Bukharin et al., Science at the Cross Roads, a. a. O., S. 11–36.

20 Vgl. M. Rubinštejn, Relations of Science, Technology and Economics, under Capitalism and in the Soviet Union, in: N. Bukharin et al., Science at the Cross Roads, a. a. O., S. 43–68.

21 Dieser Tatbestand wird näher belegt bei L. Graham, The Sociopolitical Roots of Boris Hessen. Soviet Marxism and History of Science, in: Social Studies of Science, Vol. 15 (1985), London/Beverly Hills/New Delhi, S. 705f.

22 Vgl. B. Hessen, The Social and Economic Roots of Newton's „Principia", in: N. Bukharin et al., Science at the Cross Roads, a. a. O., S. 151–214.

23 Die von der Akademie der Wissenschaften der UdSSR herausgegebene Reihe „Nauka i naučnye rabotniki SSSR" unterbreitet in ihrem IV. Teil, „Naučnye rabotniki Moskvy" (Leningrad 1930, S. 63), folgende Notiz zu Hessen: „Gessen, B. M. Dozent am Lehrstuhl

für Geschichte und Philosophie der Naturwissenschaften der M(oskovskii) G(osudarstveny) U(niversitet), wissenschaftlicher Mitarbeiter der Kommunistischen Akademie; (Hauptarbeitsgebiete:) Physik, Methodologie der exakten Naturwissenschaften, Begründung (obosnovanije) der statistischen Mechanik und der Relativitätstheorie. (Wohnung:) Sverdlov-Platz, 2. Haus der Sowjets, Wohnung 21, Tel. 2-80-77. (Geboren:) 16. VIII. 1883 in Elizavetgrad". (Im Originaltext werden einige Worte abgekürzt wiedergegeben, die in Klammern gesetzte Worte wurden von uns ergänzt = d. Verf.).

24 Zu dieser Auseinandersetzung vgl. D. P. Gribanov, Albert Einsteins Philosophical Views and the Theory of Relativity, Moscow 1982, S. 15–27; ferner die Artikel „Maksimov, A. A.", „Nevski, V. I." und Timirjazev, A. K.", in: Filosofskaja Enciklopedija, 5 Bde., Moskva 1960–1970.

25 Vgl. B. Gessen i V. Jegoršin, Ob otnošenii tov. Timirjazeva k sowremenoi nauke, in: Pod Znamenem Marksizma, 2–3/1927, S. 188–194; vgl. auch die Rezension von B. Hessen und V. Jegoršin zu dem von A. K. Timirjazev herausgegebenen Sammelband „Dialektika v prirode", in: Pod Znamenem Marksizma, 2–3/1927, S. 211–225.

26 Vgl. B. G. (d. i. Boris Hessen), Predislovije k stat'jam A. Einšteina i Dž. Dž. Tomsona, in: Pod Znamenem Marksizma, 7–8/1927, S. 152–165; vgl. auch B. Gessen: Statističeskii metod fiziki i novoje obosnovanije teorij verotjatnosti R. Mizesa, in: Jestestvoznanije i Marksizm, 1/1929, S. 3–58.

27 Vgl. B. M. Gessen, Osnovnye Idei Teorii Relativnosti, Moskva/Leningrad 1928.

28 A. a. O., 175.

29 Ebenda.

30 A. a. O., S. 176. Angesichts solcher Feststellungen Hessens gaben sich allerdings seine sowjetischen Kontrahenten nicht geschlagen. Selbst auf dem Londoner Kongreß erhoben sie ihre Stimme. Ein Mitglied der sowjetischen Delegation, der Physiker und Techniker V. F. Mitkevič, führte dort in seinem Vortrag über M. Faraday (1797–1863) aus: Faradays „Experimental Researches in Electricity" müßten „für jene ein arabisches Buch mit sieben Siegeln bleiben, die – infolge ihrer übertriebenen Nutzung von rein formalen Forschungsmethoden – in bestimmter Weise die Fähigkeit verloren haben, Gedanken, die in einfachen Worten dargelegt sind, zu verstehen. Faraday gab uns das entwickelste Modell dessen, was physikalisches Denken sein sollte. Er war ein wahrer Naturphilosoph. Jedes Abgehen von Faradays Methode des Studiums und der Analyse physikalischer Phänomene führt zu peinlichen Resultaten. Die Wurzeln der modernen Krise in der Physik müssen größtenteils hier gesucht werden". W. Th. Mitkewich, The Work of Faraday and Modern Developments in the Application of Electrical Energy, in: N. Bukharin et al., Science at the Cross Roads, a. a. O., S. 110f. Schon 1930 hatte u. a. V. Jegoršin, der wenige Jahre früher gemeinsam mit Heesen philosophische Beiträge publiziert hatte, diesen wegen seines ideologisch angeblich unkritischen Verhaltens zur modernen Physik attackiert. Hessen habe „dem Wesen der Sache nach allen neusten physikalischen Theorien eilig seine bedingungslose Anerkennung gezollt, der Relativitätstheorie, der Wellenmechanik usw." Als Beleg für diese Behauptung verwies Jegoršin u. a. auf den folgenden Satz aus Hessens „Osnovnye idei teorii relativnosti": „Auf dem Gebiet der Physik stellen die Ansichten Einsteins über Raum, Zeit und Bewegung eine Konkretisierung der dialektischen Konzeption von Raum und Zeit dar". Die Aussage Hessens aus derselben Schrift „Subjekt und Objekt erlangen wahre Realität,

lebendige Wirklichkeit nur im Prozeß der Wechselwirkung" sah Jegoršin als Beweis dafür an, daß Hessen die materialistische Position durch die des Machismus ersetzt habe. Vgl. V. Jegoršin, Lenin i fizika XX veka, in: Revolucija i kul'tura, H. 19–20/1930, S. 98ff.

31 Vgl. L. Graham, The Socio-political Roots of Boris Hessen. Soviet Marxism and History of Science, a. a. O., S. 705–722. Die Gruppe um Abram Deborin hatte sich in den zwanziger Jahren, einen Hinweis W. I. Lenins folgend (vgl. W. I. Lenin, Über die Bedeutung des streitbaren Materialismus [1922], in: W. I. Lenin, Werke, Bd. 33, Berlin 1963, insbes. S. 219f.) vor allem darum bemüht, die Dialektik Hegels umfassender für den Marxismus zu erschließen. Doch seit Ende 1930 wurde diese Gruppe politisch heftig attackiert (vgl. hierzu etwa M. Mitin, Über die Ergebnisse der philosophischen Diskussion [Rede vom 4. Januar 1931], in: O. Negt (Hrsg.), Nikolai Bucharin/Abram Deborin: Kontroversen über dialektischen und historischen Materialismus, Frankfurt a. M. 1974, S. 330–391). Die in der Tat geringe Beachtung tatsächlicher sozialer Prozesse durch die Gruppe um Deborin war von J. W. Stalin persönlich am 9. 12. 30 auf einer Parteiversammlung des „Instituts für Rote Professur" in Moskau als „menschewisierender Idealismus" verdächtigt worden (Vgl. hierzu L. Sziklas, Georg Lukács und seine Zeit. 1930–1945, Budapest 1986, S. 88). In diesem Zusammenhang wurde dann Anfang Juni 1931 auch B. Hessen als ein bekanntes Mitglied der Gruppe um A. Deborin von E. Kol'man auf einer Konferenz zur Mathematik scharf kritisiert, u. a. wegen seiner angeblich ideologisch sorglosen Haltung zur Relativitätstheorie (Eine kurze Mitteilung zu dieser Konferenz, die vom 6.–8. Juni 1931 in Moskau stattfand, findet sich in SORENA, vyp. 1/1931, S. 222).

32 Vgl. W. I. Lenin, Materialismus und Empiriokritizismus, in: W. I. Lenin, Werke, Bd. 14, Berlin 1962, S. 173, 229, 306, 328ff., 350.

33 Vgl. B. Gessen i I. Podvolocki, Filosofskije korni pravogo opportunizma, in: Pod Znamenem Marksizma, 9/1929, S. 1–29.

34 B. Gessen, Social'no-ekonomičeskie korni mechaniki N'jutona. Doklad na II Meždunarodnom Kongresse po istori nauki i techniki, Izdanie vtoroe, Moskva/Leningrad 1934, S. 29.

35 Ebenda, S. 4.

36 Ebenda, S. 5.

37 Ebenda, S. 6.

38 Ebenda, S. 8.

39 Ebenda, S. 21.

40 Ebenda, S. 31.

41 Ebenda, S. 61.

42 Ebenda, S. 32. Diese für die Bewertung von Hessens Abhandlung wichtige Textstelle wird in der BRD-Ausgabe seines Londoner Vortrages wie folgt wiedergegeben: „Es würde unseren Gegenstand jedoch übermäßig vereinfachen und sogar popularisieren, wenn wir jedes Problem zu zitieren begännen, das von dem einen oder anderen Physiker untersucht worden ist und jedes ökonomische oder technische Problem, das er gelöst hat". B. Hessen, Die sozialen und ökonomischen Wurzeln von Newtons „Principia", in: P. Weingart (Hrsg.), Wissenschaftssoziologie, 2. Determinanten wissenschaftlicher Entwicklung, Frankfurt a. M. 1974, S. 288.

43 B. Gessen, Social'no-ekonomičeskie korni mechaniki N'jutona, a. a. O., S. 32.
44 Ebenda, S. 48.
45 Ebenda, S. 67.
46 Eine detaillierte Darstellung von Leben und Wirken der englischen Wissenschaftler-Linken J. D. Bernal, J. B. S. Haldane, H. Levy, L. Hogben, J. Needham, M. Cornforth, D. Guest und Ch. Caudwell gibt H. Sheeham. Vgl. H. Sheeham, Marxism and the Philosophy of Science, S. 309–383.
47 Vgl. hierzu S. Bünger und H. Kaeselitz, Geschichte Großbritanniens von 1918 bis zur Gegenwart, S. 9ff., 43.
48 Ebenda, S. 102f.
49 Noch 1933 wurde in England ein Hilfskomitee für die Opfer des deutschen Faschismus gegründet. 1934 konstituierte sich der „National Council of Civil Libertis", dessen Vizepräsident J. Huxley war. In das gleiche Jahr fällt die Gründung der britischen Sektion der „Internationalen Vereinigung revolutionärer Schriftsteller", welche die Zeitschrift „Left Review" herausgab. 1936 formierte sich der einflußreiche „Left Book Club" usw. Vgl. ebenda, S. 103, 108, 111, 113.
50 Vgl. R. Rilling, Wissenschaft und soziale Bewegung. Gewerkschaftliche Organisierung und Politisierung in der britischen Wissenschaft 1917–1945, in: Wissenschaftliche Welt, 26 (1982) 1, S. 18ff.
51 J. D. Bernal, Die soziale Funktion der Wissenschaft, S. 200.
52 Vgl. hierzu H. Poldrack, Zum Problem des sozialtheoretischen Erkenntnisfortschritts der Bourgeoisie im niedergehenden Kapitalismus, Dissertationsschrift B, Karl-Marx-Universität Leipzig 1986 (unveröffentl.).
53 Vgl. M. O. Rubinštejn, II Meždunarodny kongress po istorij nauki i techniki, S. 139.
54 Vgl. R. Rilling, a. a. O.
55 Vgl. B. Zavadovskij, 2–i Meždunarodny S'ezd v Londone, in: Front nauki i techniki, H. 9/1931, S. 85.
56 Ebenda, S. 89.
57 M. O. Rubinštejn, a. a. O., S. 203.
58 B. Zavadovskij, a. a. O., S. 89.
59 Ebenda, S. 85.
60 Ebenda, S. 89.
61 M. O. Rubinštejn, a. a. O., S. 199.
62 B. Zavadovskij, a. a. O., S. 89.
63 M. O. Rubinštejn, a. a. O., S. 199.
64 B. Zavadovskij, a. a. O., S. 89.
65 Diese Bezeichnung für die untersuchte englische Wissenschaftler-Bewegung der dreißiger Jahre und später übernehmen wir von R. Filner, Science and Marxism in England 1930–1945, in: Science and Nature, New York, Nr. 3 (1981), S. 61.
66 J. D. Bernal, Die soziale Funktion der Wissenschaft, a. a. O., S. 389.
67 J. D. Bernal, Die Wissenschaft in der Geschichte, Berlin 1961, S. 800 (Hervorheb. durch uns. = d. Verf.).
68 J. G. Crowther, Große englische Forscher. Aus dem Leben und Schaffen englischer Wissenschaftler des neunzehnten Jahrhunderts, Berlin 1948, S. 11.
69 J. G. Crowther, Fifty Years with Science, London 1970, S. 79.

70 Vgl. J. Needham, Foreword, in: Science at the Cross Roads, London 1971, S. VIII.

71 Vgl. H. Levy, Modern Science. A Study of Physical Science in the World Today, New York 1939, S. 97.

72 In Frankreich repräsentierten eine solche Bewegung etwa die Philosophen und Gesellschaftstheoretiker Georges Politzer, Henri Lefebvre, Paul Nizan, Georges Friedmann, Auguste Cornu, der Biologe Marcel Prenant, der Psychologe Henri Wallon, die Physiker Paul Langevin und Jacques Salomon, der Astronom Henri Mineur. Für die USA verdient der Kreis der Intellektuellen erwähnt zu werden, die sich um die 1936 gegründete Zeitschrift „Science and Society" gruppierten, wie z. B. der Genetiker Hermann Müller. Bei „Science and Society" wurde der Einfluß der inzwischen politisch und gesellschaftstheoretisch erstarkten englischen Wissenschaftler-Linken besonders deutlich. Ständige Mitarbeiter der Zeitschrift waren u. a. J. D. Bernal, J. B. S. Haldane, H. Levy, L. Hogben und J. Needham. Vgl. H. Sheehan, Marxism and the Philosophy of Science, a. a. O., S. 386–411.

73 J. D. Bernal, Die soziale Funktion der Wissenschaft, a. a. o., S. 113.

74 J. B. S. Haldane, A Banned Broadcast and other Essays, London 1946, S. 29.

75 J. D. Bernal, a. a. O., S. 27.

76 Ebenda, S. 400.

77 J. B. S. Blackett, The Frustration of Science, Z. n. J. D. Bernal, a. a. O., S. 392.

78 J. B. S. Haldane, a. a. O., S. 37.

79 J. D. Bernal, Die soziale Funktion der Wissenschaft, a. a. O., S. 174.

80 J. B. S. Haldane, a. a. O., S. 231.

81 J. D. Bernal, a. a. O., S. 389.

82 J. B. S. Haldane, a. a. O., S. 38

83 J. B. S. Haldane, Science and Human Life, New York 1932, S. 282.

84 J. G. Crowther, Große englische Forscher, a. a. O., S. 214.

85 Vgl. J. Huxley, Man in the Modern World, New York 1953, S. 189.

86 Vgl. J. B. S. Haldane, A Banned Broadcast, a. a. O., S. 24.

87 Vgl. ebenda, S. 37ff., 85.

88 Vgl. H. Sheehan, Marxism and the Philosophy of Science, a. a. O., S. 309

89 Vgl. S. Bünger/H. Kaeselitz, Geschichte Großbritanniens von 1918 bis zur Gegenwart, a. a. O., S. 317. H. Sheehan, a. a. O., S. 320ff.

90 Vgl. H. Sheehan, a. a. O., S. 350ff. Den militärischen Kampf gegen den Faschismus setzten englische Wissenschaftler-Linke im II. Weltkrieg fort. eine Reihe von ihnen arbeitete nun in der militärischen Forschung (z. B. J. D. Bernal, P. M. S. Blackett, J. B. S. Haldane). Gleichzeitig verstärkten sie die ideologische Auseinandersetzung mit dem Faschismus. So zeigte J. Huxley in „‚Race' in Europe" (Oxford 1939), daß faschistische Rassenlehre und wissenschaftliches Denken nicht miteinander vereinbar sind. Seine Arbeit „Argument of Blood. The Advancement of Science" (London 1941) verdeutlichte, ähnlich wie J. Needhams Schrift „The Nazi Attack on International Science" (London 1941), den gewaltigen Schaden, den Rassenlehre oder „Führer-Gefolgschaftsprinzip" der Wissenschaft im faschistischen Deutschland zufügen.

91 Vgl. L. Hogben, Mathematics for the Million, London 1937. Ders., Science for the Citizen, London 1938. Hogben, der als Professor für Sozialbiologie an der „London School of Economics" lehrte, hatte als Popularisator unter den englischen Wissenschaftler-

Linken vielleicht die größte internationale Wirkung. So wurden die beiden genannten Bücher unter dem Titel „Mathematik für alle" (Köln, /West-/Berlin 1953) bzw. „Mensch und Wissenschaft. Die Entstehung und Entwicklung der Naturwissenschaft aus den sozialen Bedürfnissen. Ein Buch zur Weiterbildung" (Bd. 1, Zürich 1948; Bd. 2, Zürich 1950) bald nach Ende des II. Weltkrieges auch in deutscher Sprache veröffentlicht. Hogben beherrschte viele Formen der Popularisierung, solche, die sich, wie die beiden eben erwähnten Bücher, an Menschen mit einer gehobenen Bildung wandten, und andere, die von weit geringeren Kenntnissen der Leser ausgingen. Die letztgenannte Form der Popularisierung repräsentieren etwa Hogbens spätere Bücher „The Wonderful World of Energy" (London 1957) und „The Wonderful World of Communication" (London 1959). Beide erschienen ebenfalls in deutscher Übersetzung unter dem Titel „Wunderbare Welt der Energie. Von der Rolle zur Rakete" (Freiburg/Basel/Wien 1969) bzw. „Wunderbare Welt der Nachrichtentechnik. Vom ABC zum Fernsehsatelliten" (Freiburg/Basel/Wien 1970). In allen seinen populärwissenschaftlichen Arbeiten bemühte sich Hogben betont um eine sozial- und wissenschaftsgeschichtliche Fundierung der von ihm vorgestellten wissenschaftlichen Erkenntnisse. In der Ignorierung des Zusammenhangs zwischen Sozialgeschichte und Wissenschaft sah Hogben seinen wesentlichen Mangel tradierter Populärwissenschaft. So schrieb er beispielsweise: „Während die Mathematik in der Schule gelehrt und entwickelt wurde, ist kein Versuch unternommen worden, ihre soziale Geschichte, ihre Bedeutung in unserem eigenen sozialen Leben und die ungeheure Abhängigkeit der zivilisierten Menschheit von ihr aufzuzeigen". (L. Hogben: Mathematik für alle, a. a. O., S. 15)

92 Vgl. H. Levy, The Universe of Science, London 1932.

93 Vgl. J. B. S. Haldane, Science and Everyday Life, London 1940. Haldane schrieb sogar ein Kinderbuch. Es veranschaulichte in phantasievoller Weise natürliche Abhängigkeitsbeziehungen. Dieses Buch wurde mit dem Tiel „Mein Freund der Zauberer" mehrmals auch in deutscher Sprache aufgelegt (z. B. Ravensburg 1983).

94 J. D. Bernal, Die soziale Funktion der Wissenschaft, a. a. O., S. 306, S. 110.

95 J. B. S. Haldane, Science and Everyday Life, a. a. O., S. 9.

96 Vgl. J. B. S. Haldane, A Banned Broadcast, a. a. O., S. 31–36.

97 Z. n. J. G. Crowther, Große englische Forscher, a. a. O., S. 191.

98 Vgl. J. Huxley, Man in the Modern World, a. a. O., S. 191.

99 Ebenda, S. 189.

100 J. B. S. Haldane, A Banned Broadcast, a. a. O., S. 24.

101 Ebenda, S. 37ff., 85.

102 Ebenda, S. 194.

103 L. Fleck, Entstehung und Entwicklung einer wissenschaftlichen Tatsache. Einführung in die Lehre vom Denkstil und Denkkollektiv, Frankfurt a. M. 1980, S. 150.

104 H. Levy, Social Thinking, London 1945, S. 10.

105 N. Wood, Communism and British Intellectuals, London 1959, S. 121.

106 Vgl. zu dieser Wertung auch R. Rilling, Wissenschaft und soziale Bewegung, a. a. O., S. 15.

107 Vgl. M. O. Rubinštejn, a. a. O., S. 208.

108 Vgl. N. I. Bucharin, Teorija i praktika s točki zrenija dialektičeskogo materializma. Doklady sovetskich delegatov na II meždunarodnom kongresse po istorii nauki i techniki, Moskva/Leningrad 1932.

109 Vgl. B. M. Gessen, Social'no-ekonomičeskije korni mechaniki N'jutona. Doklad na II meždunarodnom kongresse po istorii nauki i techniki, Moskva/Leningrad 1933, Izdanie vtoroe 1934.

110 Vgl. hierzu G. Kröber, „Science at the Cross Roads" – Voraussetzungen und Folgen, in: Human Implications of Scientific Advance. Proceedings of the XVth International Congress of the History of Science (1977), Edingburgh 1978, ferner R. Schlüpmann (Studie zur Entstehungs- und Wirkungsgeschichte von B. Hessens „The Social and Economic Roots of Newton's ‚Principia'"). Diese Studie wurde etwa 1980 erarbeitet, blieb aber bis heute unveröffentlicht. Für die Überlassung des Manunskripts danken wir R. S. Cohen (Boston/USA).

111 Vgl. z. B. Hessen, The Social and Economis Roots of Newton's ‚Principia', Sidney 1946; N. I. Bukharin et al., Science at the Cross Roads. Foreword J. Needham. Indroduction R. S. Cohen, New York 1971; B. Hessen, Die sozialen und ökonomischen Wurzeln von Newton's ‚Principia', in: P. Weingart (Hrsg.), Wissenschaftssoziologie, 2- Determination wissenschaftlicher Entwicklung, Frankfurt a. M. 1974; N. Bucharin: Théorie et Politique du point du vue materialism dialectique (1931), in: Dialectiques, Nr. 13 (1976).
Nach S. R. Mikulinskij wurde „Science at the Cross Roads" auch in Japan zweimal aufgelegt. Vgl. S. R. Mikulinskij, Očerki razvitija istoriko-naučnoi mysli, Moskva 1988, S. 27.

112 Vgl. dazu auch Anm. 42 des ersten Kapitels dieser Studie.

113 Vgl. B. Hessen, Las Raices Socioeconómicas de la Mecánica de Newton. Informe presentado ante el II Congreso Internacional de Historia de la Cienia y la Tecnologia. Traducción del ruso, prólogo y notas de P. M. Pruna, La Habana 1985.

114 Vgl. J. R. Baker, Counterblast to Bernalism, in: New Statesman and Nation, 4. Juli 1939.

115 Vgl. hierzu H. Steiner, John Desmond Bernal (1901–1971), in: J. D. Bernal, Die soziale Funktion der Wissenschaft, S. XXXIIf.

116 Vgl. N. I. Bukharin, Science and Politics in the Soviet Union, in: New Statesman and Nation, 11. Juli 1931, S. 37f.

117 Vgl. M. O. Rubinštejn, II Meždunarodny kongress po istorii nauki i techniki, S. 200.

118 Vgl. S. Bünger und H. Kaeselitz, Geschichte Großbritanniens von 1918 bis zur Gegenwart, S. 138f.

119 Vgl. ebenda, S. 160.

120 J. Needham beispielsweise bemerkte 1971 zu den sowjetischen Teilnehmern des Londoner Kongresses von 1931: „Es ist kaum möglich, ...die tragische Tatsache zu ignorieren, daß viele der Delegierten in den Jahren nach dem Kongreß verschwanden, gemäß dem schrecklichen Prinzip, daß ‚alle Revolutionen ihre Kinder verschlingen'..." (J. Needham, Foreword, in: N. Bukharin et al., Science at the Cross Roads, London 1971, S. IX). J. Huxley kommentiert seinen Besuch der Sowjetunion im Sommer 1931 vierzig Jahre später wie folgt: „...die schrecklichen ‚Säuberungen' unter Stalin standen noch bevor, und sie änderten das Bild Rußlands in unseren Augen völlig". Seitdem habe man ja „von Stalins schrecklichen Säuberungen unter den alten Parteimitgliedern gelesen, auch über die durch Folterungen erzwungenen ‚Geständnisse' so lauterer Menschen wie meines alten Bekannten Bucharin ..." (J. Huxley, Ein Leben für

die Wissenschaft, München 1974, S. 184, 251). Wenn L. Graham aber meint, daß bis auf zwei alle sowjetischen Besucher des Londoner Kongresses von 1931 Opfer der Stalinzeit wurden, dann ist das mit Sicherheit übertrieben. (Vgl. L. Graham, The Socio-political Roots of Boris Hessen, a. a. O., S. 208)

121 Zum Inhalt und zum gesellschaftlichen Hintergrund des „Lyssenkoismus" liegen heute auch marxistische Untersuchungen vor. Vgl. z. B. H. Poldrack, Sozialismus und Wissenschaft. Bemerkungen zu einer sogenannten „Kinderkrankheit", in: D. Wittich (Hrsg.), Weltanschauliche Aspekte der Herausbildung und des Vollzugs des gesellschaftlichen Erkenntnisprozesses im Sozialismus, Leipzig 1984, S. 42–67; V. P. Filatov; Ob istokach lysenkovskoj „agrobiologii". Obyt social'no-filosofskogo analiza, in: Voprosy filosofii, Heft 8/1988, S. 3–22.

122 Vgl. W. Rasuwajew, Der Preis eines „historischen Sieges". die Folgen von Lyssenkos Wirken für das internationale Ansehen der UdSSR und der Friedensbewegung, in: Neue Zeit. Moskauer Hefte für Politik, Heft 3/1989, S. 29f.

123 Vgl. J. Huxley, Man in the Modern World, a. a. O., S. 115; vgl. ferner ders., Soviet Genetics and World Science, London 1949. In seiner Anfang der siebziger Jahre veröffentlichten Autobiographie ging Huxley erneut auf den Lyssenko-Fall ein. Im Zusammenhang mit der Schilderung seines UdSSR-Besuches 1931 schrieb Huxley nun: „Professor Wawilow, dem Leiter der landwirtschaftlichen Abteilung an der Akademie und zugleich ausländischen Mitglied der Royal Society, statteten wir einen denkwürdigen Besuch ab ... Damals war er in Hochstimmung und voller herrlicher Ideen, doch bald begannen Schwierigkeiten. Wir hatten etwas über die wichtige Position der Genetik in der UdSSR von meinem alten Kollegen H. J. Muller in Houston gehört, dessen Sympathie für die von Lenin bestimmten revolutionären Ideen ihn an die Sowjetwissenschaft glauben ließ und ihn veranlaßte, auf Wawilows Einladung hin 1932 in Serebrowskijs Laboratorium in Moskau zu arbeiten. Zunächst ging alles gut, doch dann trat der genetische Scharlatan Lyssenko auf den Plan und behauptete, Änderungen, die während der Lebenszeit eines Organismus durch Eingriffe vorgenommen würden, seien nach einigen Generationen in der Konstitution ‚fixiert' – eine lächerliche lamarckistische Behauptung. Er verwarf den orthodoxe Mendelismus und Darwins Leitgedankten einer natürlichen Auslese als ‚bürgerliche' Erfindungen, obwohl er sich weiterhin einen Darwinisten in dem Sinn nannte, daß er an irgendeine Evolution glaubte ... Er beschimpfte mit Erfolg Wawilow, der 1940 unter der hochgespielten Beschuldigung, ein englischer Agent zu sein, verhaftet und im nächsten Jahr nach Sibirien geschickt wurde. Die Royal Society schrieb wiederholt an die sowjetische Akademie, erhielt aber nie eine Antwort; offensichtlich starb er elend nach einigen Exiljahren" (J. Huxley, Ein Leben für die Wissenschaft, a. a. O., S. 176f.). Muller verließ 1937 die Sowjetunion und kämpfte dann „einige Zeit bei der Internationalen Brigade in Spanien". Huxley verschaffte ihm später eine Stelle im „genetischen Labor Crews in Edingburgh"; 1946 wurde Muller mit dem Nobelpreis geehrt. (Ebenda, S. 179f.).

Zu seinem zweiten Besuch in der UdSSR, der 1945 stattfand, führte Huxley aus: „Ich wollte unbedingt den Agrarfunktionär Lyssenko kennenlernen, der Mitschurins Behauptung übernommen hatte, die Effekte des Aufpfropfens seien vererbbar und andere Behandlungen individueller Getreidesorten machten sich dauerhaft in späteren Generationen geltend. Das war natürlich biologischer Unsinn: Zahlreiche Experimente hatten gezeigt, daß Eigenschaften, die ein pflanzlicher oder tierischer Organismus zu Lebzeiten erwirbt, nicht durch Vererbung weiterzugeben sind". 1948 habe er deshalb in einem Brief an die Zeitschrift „Nature" festgestellt, „daß die Naturwissenschaft in der UdSSR nicht mehr das internationale Werk freier Mitarbeiter ist, denen es als oberstes Ziel gilt, neue Wahrheiten und Tatsachen zu entdecken ..." (Ebenda, S. 249). Huxley verwies auf das Schicksal seines englischen Kollegen und Mitstreiters Haldane: „J. B. S. Haldane, berühmt durch die Anwendung der Mathematik auf die Beurteilung genetischer Resultate, war tief in die Auseinandersetzung verwickelt. Schließlich schickte er nach tapferen Bemühungen, Lyssenkos Wissenschaft mit Lyssenkos praktischen Zielen zu rechtfertigen, 1950 sein kommunistisches Parteibuch zurück". (Ebenda.)

124 Vgl. W. Rasuwajew, ebenda.

125 A. Bebel, Die Frau und der Sozialismus, 55. Auflage, Berlin 1946, S. 466ff.

126 A. Dodel, Aus Leben und Wissenschaft. Vorträge und Aufsätze, 5. Auflage, Stuttgart 1920, S. 100.

127 N. Bucharin, Theorie des Historischen Materialismus. Gemeinverständliches Lehrbuch der marxistischen Soziologie, Hamburg 1922, S. 184f.

128 B. Gessen, Social'no-ekonomičeskie korni mechaniki N'jutona, Izdanie vtoroe, a. a. O., S. 26. Es ist in diesem Zusammenhang interessant, daß ein anderes Mitglied der sowjetischen Delegation 1931 in London, B. Zavadovskij, für die biologische Entwicklung ein Determinationskonzept vortrug, das weit stärker der Rolle des „inneren" Zustandes des Organismus angesichts von äußeren Einwirkungen auf dieselbe Rechnung trug. Laut Zavadovskij kann die Rolle der Umwelt bei Vererbungsvorgängen nur bei gleichzeitiger Beachtung der „komplizierten Formeln des Mendelismus und Morganismus" begreifbar werden. Es bestehe eine „relative Autonomie" des „Biologischen" gegenüber seiner Umgebung. Das „Biologische" entwickelte sich auch infolge innerer Widersprüche die im biologischen System selbst gegeben sind. Jedenfalls sei es „übersimplifiziert", wenn man biologische Prozesse allein aus dem Einfluß der Umwelt heraus erklären wolle. Vgl. B. Zavadovskij, The „Physical" and „Biological" in the Process of Organic Evolution, in: N. Bukharin et al., Science at the Cross Roads, a. a. O., S. 74ff.

129 A. Bebel, a. a. O., S. 564.

130 C. Zetkin, Die Intellektuellenfrage, in: dieselbe, Zur Theorie und Taktik der kommunistischen Bewegung, Leipzig 1974, S. 276.

131 A. Lunatscharski, Lenin und die Literaturwissenschaft, in: ders., Vom Proletkult zum sozialistischen Realismus, Berlin 1981, S. 276.

132 Vgl. J. W. Stalin, Ökonomische Probleme des Sozialismus in der UdSSR, Berlin 1952, S. 52f.

133 Vgl. hierzu D. Wittich, Warum und wie Lenins philosophisches Hauptwerk entstand, Berlin 1985, Kap. I.

134 J. Needham, Bemerkungen über die sozialen Beziehungen zwischen Wissenschaft und Technologie (1972), in: ders., Wissenschaftlicher Universalismus. Über Bedeutung und Besonderheit der chinesischen Wissenschaft, hrsg. von T. Spengler, Frankfurt a. M. 1979, S. 166.

135 Ebenda.

136 Ebenda, S. 173.

137 Ebenda, S. 174.

138 J. Needham, Wissenschaft und Gesellschaft in Ost und West, in: ebenda, S. 76.

139 G. S. (d. i. George Sarton), (Annotation zu) „Science at the Cross Roads", in: Isis 20 (1933), S. 591.

140 Vgl. R. K. Merton, Science and Technology in Seventeenth Century England, in: Osiris. Studies in the History and Philosophy of Science, and on the History of Learning and Culture, Vol. IV, 2. Bruges 1938, S. 360–632. 1970 wurde diese Studie als selbständige Publikation erneut aufgelegt.

141 Vgl. R. K. Merton, Science and Technology in Seventeenth Century England, New York 1970, S. 206.

142 Ebenda, S. 142.

143 Ebenda, S. 143.

144 Ebenda, S. 80, 104.

145 Ebenda, S. 202.

146 Ebenda, S. 203.

147 Vgl. G. N. Clark, Social and Economic Aspects of Science in the Age of Newton, in: Economic History III (1937), S. 362–379.

148 R. K. Merton, a. a. O., S. 206.

149 Th. S. Kuhn, Reflections on Receiving the John Desmond Bernal Award, in: 4 S. Review, Vol. 1, Nr. 4 (Winter 1983), S. 29.

Band 125

Heft 1 Prof. Dr. ERNST EICHLER, Reinhold Trautmann und die deutsche Slawistik. Mit einem Beitrag von GERALD WIEMERS 1984. 74 Seiten – 1 Tafel – 8°

Heft 2 Prof. Dr. SIEGFRIED WOLLGAST, Zur Stellung des Gelehrten in Deutschland im 17. Jahrhundert 1984. 79 Seiten – 1 Abbildung – 8°

Heft 3 Prof. Dr. Dr. h. c. EBERHARD POPPE, Universalität der Menschenrechte – Idee und Realität 1985. 20 Seiten – 8°

Heft 4 Prof. Dr. RUDOLF FORBERGER, Vom künstlerisch gestalteten Hartporzellan Böttgers zum technischen Porzellan im 19. Jahrhundert 1985. 30 Seiten – 4 Tafeln – 8°

Heft 5 Prof. Dr. GERHARD DUDEK, Die Brüder Karamasow – Zur Struktur der Romane F. M. Dostojewskis 1985. 45 Seiten – 8°

Heft 6 Prof. Dr. ULRICH RICKEN, Probleme des Zeichens und der Kommunikation in der Wissenschafts- und Ideologiegeschichte der Aufklärung 1985. 63 Seiten – 8°

Band 126

Heft 1 Prof. Dr. EBERHARD BRÜNING, Ernest Hemingway – Humanist und Antifaschist 1985. 36 Seiten – 8°

Heft 2 Prof. Dr. ERNST ULLMANN, Von der Macht der Bilder – Kunst und Reformation 1985. 25 Seiten – 16 Tafeln – 8°

Heft 3 Prof. Dr. ERICH DONNERT, Neue Wege im russischen Geschichtsdenken des 18. Jahrhunderts 1985. 73 Seiten – 8°

Heft 4 Prof. Dr. ALBRECHT NEUBERT, Dichtung und Wahrheit des zweisprachigen Wörterbuchs 1986. 23 Seiten – 8°

Heft 5 Prof. Dr. HANS HIEBSCH, Probleme der „sozialen Kognition“ 1986. 29 Seiten – 8°

Heft 6 Dr. DETLEF DÖRING, Die Beziehungen zwischen Johannes Kepler und dem Leipziger Mathematikprofessor Philipp Müller. Eine Darstellung auf der Grundlage neuentdeckter Quellen und unter besonderer Berücksichtigung der Astronomie an der Universität Leipzig 1985. 54 Seiten – 1 Farbtafel – 8°

Heft 7 Dr. phil. SYBILLE BLUM, Wortschatz und Übersetzungsleistung in den althochdeutschen Canonesglossen. Untersuchungen zur Handschrift Frankfurt am Main Ms. Barth. 64 1986. 93 Seiten – 8°

Band 127

Heft 1 Prof. DR. ROLF LIEBERWIRTH, Das sächsisch-magdeburgische Recht als Quelle osteuropäischer Rechtsordnungen 1986. 34 Seiten – 1 Farbtafel – 8°

Heft 2 Prof. Dr. DIETER WITTICH, Zur Entstehungs- und Rezeptionsgeschichte von W. I. Lenins Werk „Materialismus und Empiriokritizismus“ 1986. 36 Seiten – 8°

Heft 3 Prof. Dr. RUDOLF FORBERGER, Die Widerspiegelung der Industriellen Revolution in Sachsen (1800–1861) in der zeitgenössischen Belletristik 1987. 48 Seiten – 12 Abbildungen – 8°

Heft 4 Dr. phil. JULIANE BRANDSCH, Bezeichnungen für Bauern und Hofgesinde im Althochdeutschen 1987. 74 Seiten – 4 Tafeln – 8°

Heft 5 Prof. Dr. GERHARD DUDEK, I. S. Turgenjews „Rudin“ – individuelle Romanform und Romantypus 1987. 33 Seiten – 6 Tafeln – 8°

Heft 6 Prof. Dr. GOTTHARD LERCHNER, Literarischer Text und kommunikatives Handeln 1987. 74 Seiten – 8°

Heft 7 Prof. Dr. RIGOBERT GÜNTHER, Die sozialutopische Komponente im frühen Christentum bis zum 2. Jahrhundert 1987. 19 Seiten – 8°

Band 128

Heft 1 Prof. Dr. SIEGFRIED WOLLGAST, Ehrenfried Walther von Tschirnhaus und die deutsche Frühaufklärung 1988. 83 Seiten – 8°

Heft 2 Prof. Dr. ERNST EICHLER, Dr. GERALD WIEMERS, Zwei Beiträge zur Geschichte der Slawistik 1988. 54 Seiten – 8°

Heft 3 Prof. Dr. FRIEDRICH MÖBIUS, Die Dorfkirche im Zeitalter der Kathedrale (13. Jh.). Plädoyer für eine strukturgeschichtliche Vertiefung des Stilbegriffs 1988. 67 Seiten – 52 Abbildungen – 8°

Heft 4 Prof. Dr. JACQUES D'HONDT, Hegel und Frankreich 1988. 18 Seiten – 8°

Heft 5 Prof. Dr. EBERHARD POPPE, Menschenrechte im Wandel 1988. 24 Seiten – 8°

Heft 6 Prof. Dr. KLAUS MYLIUS, Zur Erschließung der altindischen Ritualliteratur: Āśvalāyana-Śrautasūtra V und VI 1989. 107 Seiten – 8°

Band 129

Heft 1 Prof. Dr. Ernst Werner, Die hussitische Revolution: Revolutionsbegriff und Revolutionsergebnis im Spiegel marxistischer, insonderheit tschechoslowakischer Forschungen 1989. 38 Seiten – 8°

Heft 2 Dr. Dr. Detlef Döring, Samuel Pufendorf und die Leipziger Gelehrtengesellschaft in der Mitte des 17. Jahrhunderts 1989. 40 Seiten – 8°

Heft 3 Prof. Dr. Ulrich Ricken, Leibniz, Wolff und einige sprachtheoretische Entwicklungen in der deutschen Aufklärung 1989. 78 Seiten – 8°

Heft 4 Prof. Dr. Lieselotte Blumenthal, Schillers Freund Harbaur 1989. 30 Seiten – 8°

Heft 5 Prof. Dr. Siegfried Wollgast, Karl Christian Friedrich Krause (1781–1832). Anmerkungen zu Leben und Werk 1990. 127 Seiten – 8°

Heft 6 Prof. Dr. Hans-Georg Werner, Über die Modernität der literarischen Romantik in Deutschland 1989. 36 Seiten – 8°

Band 130

Heft 1 Prof. Dr. Ernst Ullmann, Das Münchner Leonardo-Fragment und der Hauptaltar der SS. Annunziata in Florenz 1990. 16 Seiten – 9 Tafeln – 8°

Heft 2 Prof. Dr. Eberhard Brüning, Eugene O'Neill und die Mündigkeit des amerikanischen Theaters *In Vorbereitung*

Heft 3 Prof. Dr. Rolf Lieberwirth, Das Privileg Erzbischofs Wichmann zum Magdeburger Recht 1990. 28 Seiten – 8°

Heft 4 Prof. Dr. Rigobert Günther, Klassen, Stände und Schichten in der antiken Gesellschaftsordnung *In Vorbereitung*

Heft 5 Prof. Dr. Dieter Wittich/Dr. Horst Poldrack, Der Londoner Kongreß zur Wissenschaftsgeschichte 1931 und das Problem der Determination von Erkenntnisentwicklung *Vorliegendes Heft*

Heft 6 Prof. Dr. Karl Czok, Prof. Dr. Helmut Bräuer, Studien zur älteren sächsischen Handwerksgeschichte *In Vorbereitung*

Band 131

Heft 1 Prof. Dr. Ernst Eichler/Doz. Dr. Gerhart Schröter/Prof. Dr. Ingeborg Ohnheiser, August Leskiens Vorlesungen zur vergleichenden Grammatik der slawischen Sprachen *In Vorbereitung*

Einzel- oder Fortsetzungsbestellungen durch eine Buchhandlung erbeten.
Sitzungsberichte bis Band 108
durch das Zentralantiquariat der Deutschen Demokratischen Republik, Leipzig,
ab Band 109 durch die Universitätsbuchhandlung, 7010 Leipzig,
zum Teil noch lieferbar.

AKADEMIE-VERLAG BERLIN
Leipziger Straße 3–4, DDR - 1086 Berlin

ISBN 3-05-001062-2
ISSN 0138-3957

FSC
www.fsc.org
MIX
Papier | Fördert gute Waldnutzung
FSC® C083411

Kolibri 360 GmbH
Ferdinand-Jühlke-Straße 7
99095 Erfurt, Deutschland
produktsicherheit@kolibri360.de